iThome
鐵人賽

博碩文化

從0到0.99

Android
架構開發實戰

以便利貼應用

U0086560

洪彥彬（Yanbin）著

2021
iThome鐵人賽
佳作
iT邦幫忙

一本帶你跳脫框架思考的 Android 架構實戰書籍

結合理論與實作
充分運用理論
產出更高品質的程式碼

真實的設計決策
帶你分析不同方案
之間的利與弊

作者小故事
分享作者自身的
職涯歷程

從零打造架構
在不同專案階段中
用對的方向做對的事

作　　者：洪彥彬（Yanbin）
封面繪圖：徐若芸
責任編輯：黃俊傑

董 事 長：陳來勝
總 編 輯：陳錦輝

出　　版：博碩文化股份有限公司
地　　址：221 新北市汐止區新台五路一段 112 號 10 樓 A 棟
　　　　　電話 (02) 2696-2869　傳真 (02) 2696-2867

發　　行：博碩文化股份有限公司
郵撥帳號：17484299　戶名：博碩文化股份有限公司
博碩網站：http://www.drmaster.com.tw
讀者服務信箱：dr26962869@gmail.com
訂購服務專線：(02) 2696-2869 分機 238、519
（週一至週五 09:30 ～ 12:00；13:30 ～ 17:00）

版　　次：2022 年 10 月初版一刷

建議零售價：新台幣 600 元
I S B N：978-626-333-257-7
律師顧問：鳴權法律事務所 陳曉鳴律師

本書如有破損或裝訂錯誤，請寄回本公司更換

國家圖書館出版品預行編目資料

從 0 到 0.99 Android 架構開發實戰：以便利
貼應用程式為例 / 洪彥彬（Yanbin）著 . --
初版 . -- 新北市：博碩文化股份有限公司，
2022.10

　面；　　公分 -- (iThome鐵人賽系列書)

ISBN 978-626-333-257-7(平裝)

1.CST: 系統程式 2.CST: 電腦程式設計

312.52　　　　　　　　　　　111014291

Printed in Taiwan

博 碩 粉 絲 團　歡迎團體訂購，另有優惠，請洽服務專線
(02) 2696-2869 分機 238、519

推薦序

　　跟作者一起在 Android 技術社群打滾了好多年，一路上我們一起見證了 Android 生態系的各種變化，其中對於 Android 架構的討論也是每幾年都會有一些流派的誕生。包含 Google 自己也提出了 MVP 架構及 MVVM 架構。我們一路上跟著 Google 與技術社群們一起成長，也了解到各種不同的架構想要解決的難題與目的。

　　作者透過這本書帶你一步步走入 Android 生態系的旅程，也透過完整的便利貼 App 作為例子讓你在實務上開發可以更好想像架構如何與你的專案共舞。在範例中也帶入這兩三年中 Google 主推的 Jetpack Compose 來作為撰寫 UI 的框架，不僅僅可以透過本書探究框架也可以學習新的 UI 框架。

　　本書很適合已經進入 Android 生態圈 2-3 年的開發者們閱讀，這時候的你已經具備一定的 Android 開發經驗，面臨的挑戰會是如何將你的程式碼寫好把東西寫完已經是你具備的能力了。我想在這個階段你會開始搜尋大量的資料來思考下一步要如何重新組織調整你手中那團程式碼。如何讓品質更有保證，如何挑戰更大型的專案。

　　書中有提到領域驅動設計，這個議題是近年來的熱門話題之一。提到領域驅動設計大多人會想到的是，這不是後端工程師或是實作微服務才需要的嗎？但其實不然，領域驅動設計其中很有多很棒的概念，如共通語言、領域模型、領域邊界等，我認為是工程師都可以去學習的一門知識。但本書重點還是放在 Android 架構開發上，所以著墨會比較淺淺帶過有興趣的開發者可以再自己深入研究。

最後很開心作者來找我寫本書的推薦序，也很開心在 Android 的技術書籍中出現了為了中階到進階的開發者撰寫的書籍。目前在 Android 的技術書籍中大多是為了入門者撰寫的書籍，比較深入研究的書籍是比較少的，很推薦在 Android 架構迷茫的開發者閱讀本書。

Andy 楊哲偉

Android 技術社群

一個良好的 Android App 需要具備哪些元素呢？怎樣是一個好的架構，又要怎麼做測試才能提升品質？本書由簡單的案例出發，一步一腳印帶領著讀者一探究竟，閱讀後相信讀者也能感受到作者的立意與用心。

Tim 林俊廷

Android GDE

自從 Google 推出了 Android Jetpack 後，就有了一個新名詞是「Modern Android」，本書從 UI 用 Jetpack Compose 寫架構到測試使用 Android Jetpack 的各項工具庫，最後探討到軟體架構設計，可以讓 Android 開發人員更了解「Modern Android」及產出更高品質的程式。

Kevin Chiu 邱哲綸

Google Developer Group (GDG) Taipei Organizer

序

架構，一個只要是 Android 工程師就無法避免的學習科目，其實有時候我會覺得現在的 Android 初學者非常辛苦，想要投履歷時發現每間公司都要你會 MVVM、要你會 Android Architecture Component，還有各式各樣的函式庫，在面試中還是個必考題。但是一個新手怎麼可能在沒碰到大型專案前，就能深刻體會分層的好處呢？

回顧 7-8 年前的職場環境，他們只要求你會基本的資料結構，以及 Android 框架的各種使用方式就好，那時有很多機會可以搞成一個「大泥球」專案。然而，正是因為有這樣的經歷，才能從其中學到各種重構的技巧，資料庫底層的運作機制，網路層的通用協定，自己從無到有建立一個「堪用」的函式庫出來。

然而現在的函式庫實在是太方便了，只要使用 Annotation 還有更新潮的 Complier plugin，一切彷彿黑魔法似的神奇的運作了起來。這對建構產品來說絕對是一個大大的好處，但是對於新手的職涯成長卻有了更大的阻礙，為了要理解原理，得要掌握很多進階語法才能讀得懂原始碼，而且也失去了自己從專案中試錯成長的機會。

回到架構這邊，很多網路上現成的「架構函式庫」或是「架構藍圖樣板」，也會讓我覺得這對工程師的職涯發展是不利的。套用了樣板之後，是否代表這些初階工程師少了很多自己設計架構的機會呢？軟體開發是一個需要「創造力」的工作，當創造力被剝奪了之後，那可真的就是只能說自己是「碼農」了，每天都在做一樣的事。

架構設計的本質是解決一個存在的問題，而當下要解決的問題換了另外一個環境解法可能不再適用。於是這本書提供了一個比較特別的便利貼應用程式當作範例，用來打破以往大家對於「最佳實踐」的想像，一個你覺得很通用的最佳實踐（像是 Clean architecture 的 Use case），在不同應用程式特性的情況下就要換另外一種做法。因此沒有什麼是絕對的，掌握基礎的設計原則並依情況調整架構才能讓功能開發的更加順暢，從而避免架構完全打掉的可能性。

本書書名「從 0 到 0.99 Android 架構開發實戰」，故意不寫「從 0 到 1」是因為我相信架構有「不完美」的特性，即使花了大把時間在架構設計上，你也不可能保證新需求不會毀了你的設計，根據 80/20 法則，事後也會證明你所做的就只是在浪費時間在追求「完美」上。另外，Android 社群在討論架構的熱度是遠大於 iOS 的，但是實際上 iOS 應用程式有比 Android 還不穩定嗎？開發速度有比 Android 還慢嗎？因此，雖然使用最新架構很潮，但還是多花點時間在解決真實世界問題上吧！本書的後面章節部分，將帶你體會目前主流的架構設計在面對複雜領域時會碰到怎樣的挑戰，以及應該如何因應。

這本書是一本談論架構的書，但同時也是一本反對過度架構設計的書，希望讀者們都能從此書中學到有用的知識並加以應用。

▌本書章節安排

本書一共分為三大部分，第一部分著重在專案初期的各種開發實務，從技術選擇分析，研究各式函式庫，到基礎的 MVVM 架構模式，以此建立簡單的 prototype，也能夠獲得早期回饋並降低技術風險。

第二部分談論專案開發中期會遇到的各種狀況，內容包含 UI 狀態管理，頁面轉換，套件管理以及單元測試。

而壓軸的第三部分講述了面對複雜專案時，可以採取什麼樣的策略將複雜的專案一一拆解，不只從技術面，也從業務面的角度將問題由大變小。然而也因為如此，第三部的內容也比較「硬核」一點，建議讀者可以搭配《Clean architecture》與《領域驅動開發》這兩本書一起翻閱。

▌ 如何閱讀此書

引用書目

本書中有許多地方引用了軟體開發大師寫的書籍，在引用時，統一使用雙箭頭（《》）將書名縮寫包含在其中。至於所引用的內容，也會在附錄二中標註出原書相對應的章節位置。

引用章節

在談論架構時，很多概念是彼此相連的。為了讓讀者方便查閱，提到本書中其他章節專有名詞時，會特別以小括弧標註出來其章節編號。

專案程式碼

本書相對應的程式碼都在這個 github 網址上：https://github.com/hungyanbin/ReactiveStickyNote，翻閱本書時建議搭配該專案中的程式碼一起閱讀。另外，本書的各章節內容使用了不同的分支：

書中對應章節	分支名稱
第 1 章 ～ 第 4 章	Book_part_1
第 5 章 ～ 第 8 章	Book_part_2
第 10 章	Book_CH_10
第 11 章	Book_CH_11

▌如何利用這本書

如果你是初階開發者

我必須得很誠實的跟你說，這本書中的很多知識內容你可能一時半刻吸收不了。但是這本書提到了很多在軟體開發路上必須知道的專有名詞與原則，因此你可以將這本書當成是學習技術架構上的路線圖（Roadmap），每隔一段時間可以回過頭來看看這本書，檢視自己這些技術名詞理解了多少，在技術上又成長了多少。

如果你是中階開發者

這本書針對的客群就是你們！你可能已經在專案中套用了某些架構模式，但不是很懂所謂的架構上「取捨」是什麼，覺得沒什麼差別。本書中真實的大大小小的設計決策能夠幫助你更好理解理論是如何與實務結合起來的。

如果你遇到了成長瓶頸，甚至考慮轉成後端工程師

業界不乏出現「前端只是拉拉畫面」的這種言論，但是本書中的專案可以讓你體會現實世界中還是有許多複雜的手機應用程式的。跟著本書一起完成專案也許會讓你重新思考未來的職涯發展。

如果只是想支持作者的

非常謝謝你的支持！覺得買一本太沒誠意的話，就再買個十本吧！一本用來自己看，一本用來當擺飾，其他的分享給好友同事們！

▌致謝

感謝 Android 社群的好夥伴 Andy 與 GDE Jim 百忙之中抽空審稿，也要特別感謝 Kotlin Taiwan User Group 的 Tina 幫我仔細看完所有內容並揪出不少錯字，也給了很多很棒的建議。還有好朋友 Jo 幫忙繪製封面插圖，沒有你們，這本書將無法以這麼好的品質出版。

▌專案函式庫版本

Kotlin：1.7.0

Jetpack Compose：1.2.0

Firebase Firestore：28.0.1

RxJava：3.0.12

目錄

第一部

第二部

CHAPTER **06** 跳轉頁面的設計

CHAPTER **07** 單元測試

CHAPTER **08** 套件結構

第三部

APPENDIX **附錄**

第一部

在專案開始時，會碰到初期架構與技術的選擇問題，架構設計上有時候會做太多，有時候又會做太少，採用新技術時如果掌握程度低時，也會對專案產生負擔，因此事先進行一定程度的研究是有必要的，由風險相對高的開始做起，將他們依照優先順序個別擊破，等站穩腳步後，後續的開發就能夠非常順暢地進行。

01
Chapter

專案介紹

萬事起頭難,專案剛開始的時候我們應該做好哪些準備呢?那又要做多少分析與設計才能動工呢?

本章重點

▶ 評估風險來決定專案開發順序。

▶ 如何依據產品特性挑選適合的工具。

▶ 定義資料模型時需要注意的事項。

Chapter 01 - 04 程式碼連結:
https://github.com/hungyanbin/ReactiveStickyNote/tree/Book_part_1

1.1 專案介紹

相信大家都有用過便利貼吧！在開會討論時便利貼是一個很好用的工具，不同的顏色可以代表不同的分類方式，在便利貼上也可以寫字、畫圖，另外還可以移動便利貼的位置來做一些整理。以下是這專案的基本需求：

- 使用者可以任意新增、刪除便利貼。

- 使用者可以編輯便利貼上的文字以及背景顏色。

- 使用者可以使用手勢任意拖拉便利貼的位置。

- 可以與其他使用者一起線上編輯。

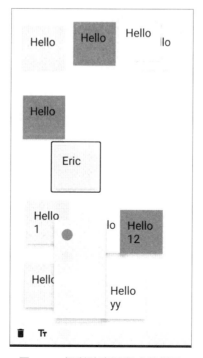

圖 1-1　便利貼應用程式的樣子

我們可以藉由上面描述的需求勾勒出對於這應用程式的想像，像是圖 1-1 那樣子的呈現方式可能是其中一種，其實接下來我們可以寫出較正式的使用案例（Use case）來強化對於這個應用程式的認知，但是在專案什麼都沒有的情況下，寫一個太過詳細的文件有時候並沒有太大的幫助，尤其是這種以畫面為核心的應用程式，我覺得用草圖、線框圖（Wireframe）來進行溝通的效果會遠大於用文字表達，而且現實中不會有開完一次會就定好所有規格的情況發生。

　　因此，我們現在需要做的事情就是依照現有的資訊去做技術評估。有的人可能會認為設計師或是專案經理需要把需求完全定好工程師才能動工，但我是反對這件事的；在設計階段提供技術諮詢或是做出Prototype 對於設計師與專案經理非常有幫助，有可能重要的需求決策會在看到實體後產生出新的想法，這些新想法萬一與核心架構設計有關係的話，越晚發現是會越難處理的。而且 Prototype 的成本並不高，就算到時候發現現在的做法有很大的問題，要再修改還是來得及，過去所花的時間並不是白白浪費掉，而是得到寶貴的資訊。

1.2　需求分析

　　這個應用程式不是大家會很常碰到的那種類型，大家最常見的應用程式可能包含列表頁面、詳細資訊頁面、登入、動態牆等等，而且這些類型的應用程式，通常領域核心邏輯都在後端，手機端比較多的是畫面呈現，而便利貼應用程式相反，領域核心邏輯都是在手機端，後端只是作為資料的載體而已。

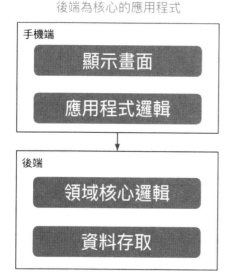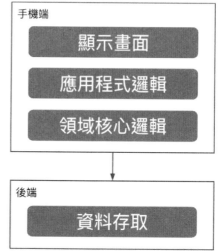

圖 1-2　根據產品特性的不同，領域核心會在不同地方

　　有了以上的認知後，應該就會發現這時候手機端開發者的工作內容就不只是「拉畫面、接 API」這麼簡單，整個產品中最重要、最有商業價值的內容都放在手機端這邊了。

　　而這個應用程式最大的技術挑戰是什麼呢？目前看起來，會是「線上共編」的部分，後端必須要能夠快速的更新資料，手機端跟後端的資料傳輸也會非常的頻繁，尤其是手勢移動便利貼的功能，要如何做到每個使用應用程式的人都能看到其他人的操作呢？

　　考慮到即時性呈現的這方面，響應式程式設計（Reactive Programming）風格會是不二選擇。響應式程式設計是一個處理非同步事件流（Asynchronous event stream）的編程方式。至於什麼東西可以當成是事件呢？便利貼在某個時間點中的位移可以當作是一個事件，而下一個事件呢，就是下個時間點不同方向的位移。因此當手勢的事件連在一起變成一個事件串流時，就可以利用這個事件串流產生出便利貼相對應的位置。除此之外，其他的 UI 呈現，也會因為線上共編的特性而需要一直去監聽與更新，這邊也是非常適合使用響應式程式設計的方式來串接與呈現。當然錯誤的使用方式會對後續維護造成負擔，因此，**一定程度的了解與掌握響應式程式核心概念**對於這專案來說是必要的。

對於資料傳輸方面，由於我們現在只做手機端的技術評估，所以可以從現成的解決方案來作挑選（當然如果有跟後端一起進行研發的話是另當別論），其中一個很顯而易見的答案是 Firebase FireStore，其非關聯式資料庫的特性能讓我們快速的讀取與存取資料，建立專案也不繁複，但是我們應該還是要**隨時保持彈性**——也就是說隨時做好淘汰 FireStore 的打算，就算最終使用另一個技術，也應該要是無痛轉移。這就非常考驗開發者職責分離（Separation of Concerns）的能力。

然後是畫面呈現，響應式程式設計與宣告式 UI 的搭配是一個非常棒的組合，因此在這專案我們選擇了 Jetpack Compose，但其實使用 Jetpack Compose 還是有一定程度的風險，目前這還是相對新的技術（筆者於 2022 年撰寫本書），有可能我們要渲染的畫面在目前還沒有既有的套件，需要花非常多的時間去造自己的輪子（註 1-1）出來，但是很幸運的，Jetpack Compose 目前與原生的 Android View 是百分之百相容的，也就是說最糟糕的情況，也不過是使用相容性 API 來呼叫既有的 Android View 元件罷了，所以以完成產品的角度上來說，風險並不高。但是因為現在導入上碰到問題不太容易找到資源，還是要付出一定的**學習成本**。

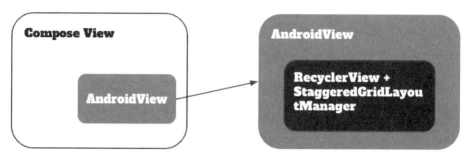

圖 1-3　使用相容性 API 建立 Android View 傳統元件

註 1-1 不要重新打造輪子（Don't reinvent the wheel）

這句話雖然在軟體開發中非常常被提到，但是萬一你有機會自己打造輪子，請不要錯過！這是一個提升開發實力的絕佳機會！

綜合評估下來，我們可以列出以下的開發順序：

1. 研究怎麼使用 Jetpack Compose 畫出便利貼，其中包含了便利貼在畫面上的位置，以及怎麼使用手勢操作等等。

2. 前端畫面沒問題之後，可以套用最簡單的架構模式來幫助我們達到關注點分離的效果，如果只需要三層，那就分三層就好，不要在專案初期花太多時間在架構上，架構是為了解決問題而存在，沒有要解決的問題時做的準備工作很有可能都是過度設計。

3. 對需求列出優先順序，風險高的先做，目前看起來風險最高的是手勢操作這個需求，不只要求體驗流暢，還要讓其他使用者看到操作中的便利貼。

4. 其他風險較低功能，像是建立、刪除、改變背景顏色等等。

作者小故事

在之前有一段時間筆者會喜歡挑自己喜歡的項目先做，有點先甘後苦的感覺，但是有時候會發生到最後出現一個很大的包，之前覺得可以 3 天做完的項目事實上需要 5 天才能做完，如果剛好好死不死這個項目對於這次的發版來說是一個必要的項目時，可能只能延後上線的日期了。於是從那之後我慢慢習慣先從風險高的開始做，當然有時會與專案經理列的優先順序有衝突，但只要好好運用自己的專業分析給大家聽，改變優先順序並不是一件困難的事（當然也有可能因為比較不重要而放到下一個版本再做）。

1.3　這時候你不應該做什麼？

相信這本書的讀者，或多或少都喜歡學習，也可能喜歡追求最新潮流，所以在專案初期時我們最常幹的一件事就是：使用最新框架來建立新專案、用最熱門的工具設定 CI/CD 流水線、預先想好各種情況的 BaseActivity、或是建立功能模板，其內容包含了整合網路 API 與資料庫的離線機制、分頁機制。連需求都還不是很確定就把 MVVM + Retrofit + Coroutine Flow + Room + Paging 等等全部機制都從無到有設定好了。

但很明顯的，不是所有 App 都需要這些，有可能這個應用程式資料量少，過了 10 年都還用不到 Paging 所設定的量，也有可能不需要支援離線機制，在便利貼應用程式中也完全不需要這些組合！

只有一種案例除外，就是目前你負責的應用程式非常簡單，沒有任何你需要研究的技術，那就自然而然的會把該專案當作是學習的養分，就算某些東西做過度設計了，也不會有太大影響。

1.4 定義資料模型

不管是怎樣的應用程式，都會需要資料來呈現，通常我們稱呼為資料模型（data model）。對於一個商城型產品來說，其商品資訊就是一個資料模型；對於社交類型產品的話，貼文還有留言也會以資料模型的方式做管理。在設計資料模型時，除了定義資料型態還有資料與資料之間的關係之外，還需要考慮以下幾點：

■ 這個資料模型有沒有任何的固定規則（invariant）呢？舉例來說，一台車的資料模型中，可能包含了 4 個輪胎。但輪胎的數量不可能是 3 或是 5，萬一輪胎是以陣列的形式去定義的，建立該物件的呼叫方就有可能用 3 個輪胎去建立車物件，而這就會導致狀態的錯誤。這種一定要去遵守的規則，一台車一定會有 4 個輪胎的關係，我們稱之為 invariant。

■ 不要有第三方函式庫或是 Android framework 的依賴，像是我們在開發 Android 時很容易使用到原生的 Point 以及 Rect。但是在做單元測試這會是一個負擔，必須要做額外的環境設定才能執行該單元測試，也會花更多時間執行測試。

■ 資料模型是為可變（Mutable）的資料還是不可變（Immutable）的資料？在不同執行緒間共享的可變資料很容易造成不可預期的Bug，但是另一方面不可變資料在執行深度拷貝（Deep Copy）時所造成的開銷也會比較大。雖然以可維護性的角度來說我們會偏向使用不可變資料，但還是要依照不同的情境去挑選適合的設計方式。

剛好這個應用程式不會有太複雜的模型，便利貼就是這個應用程式
的主角，根據需求，我們可以很輕鬆地列出這幾個屬性：文字、顏色、
位置還有 id。

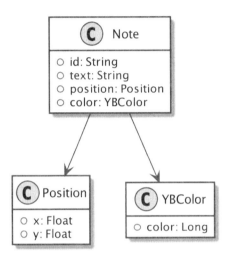

圖 **1-4**　便利貼應用程式的資料模型

這個模型沒有任何的外部相依，不管是 Java 或是 Kotlin 都能夠很輕
鬆的建構出來：

- **id** 的資料型態在這裡我選擇了 String，如果是習慣資料庫設計的方
  式的話，應該會想要使用 Long，但是由於這個應用程式的特性是可
  能會有很多使用者同時新增便利貼，直接產生一個 UUID（註 1-2）
  可以很大程度地避免產生重複的 ID。

- **文字** 的資料型態是 String 應該是不會有爭議。

- **位置** 這邊另外包了一層抽象，值得注意的是對於位置的範圍我沒
  有做限制，也就是說位置有可能小於 0，也有可能是一個超大的數
  字，到時候會在一個超級大的畫布上擺放我們的便利貼。

- ■ **顏色**也是另外包了一層抽象，這樣做的好處是可以幫顏色本身加一些好用的函式或是常數，例如 **YBColor.HotPink**。

  實際上的程式碼如下：

```
1.  data class Note(
2.      val id: String,
3.      val text: String,
4.      val position: Position,
5.      val color: YBColor)
6.
7.  data class Position(val x: Float, val y: Float)
8.
9.  data class YBColor(
10.     val color: Long
11. ) {
12.     // 使用類別可以更好的定義常數
13.     companion object {
14.         val HotPink = YBColor(0xFFFF7EB9)
15.         val Aquamarine = YBColor(0xFF7AFCFF)
16.         val PaleCanary = YBColor(0xFFFEFF9C)
17.         val Gorse = YBColor(0xFFFFF740)
18.
19.         val defaultColors = listOf(HotPink, Aquamarine, PaleCanary,
            Gorse)
20.     }
21. }
22.
```

註 1-2 **UUID (Universally Unique Identifier)**

根據標準方法自動生成的 ID，其重複機率幾乎為零，因此可以很安全的用來當作身份識別碼。

1.5 小結

　　本章做了一些對於專案的分析與風險評估，依據現實狀況的不同，規模可大可小，當然以便利貼應用程式的這個例子來說，是一個規模相對小的應用程式。不過不管規模大或小，都可以好好利用前期的時間，針對需求做技術學習與研究，掌握度越高，就能將專案的風險降的越低。

　　另一方面，我不推薦在這時候研究新的架構、新的自動化部署工具、甚至是新的框架。對於一個中階到高階的工程師來說，一旦已經掌握了一套工具或框架，對於類似工具的上手難度應該要是低的，雖然難度不高，卻還是要花上不少時間學習特定語法以及閱讀文件，更不用說最後可能會因為專案需求更改，而不得已整個打掉而選擇另外一套架構或是框架，這些浪費掉的時間應該要用來做更好地利用的。

Note

02

使用 Jetpack Compose 繪製便利貼

在正式寫第一行程式碼前,由於 Jetpack Compose 是一個相對新的技術,所以還是在這裡大概介紹一下基本觀念以及相關元件。俗語說:工欲善其事,必先利其器。掌握好一個工具對於專案開發也是不可或缺的。

本章重點

▶ Jetpack Compose 的基礎觀念。

▶ Stateful 跟 Stateless UI 的差別以及用途。

2.1 什麼是 Jetpack Compose?

Jetpack Compose 是 Google 開發的現代宣告式 UI 框架，如果有開發過 SwiftUI、React 或是 Flutter 就會發現他們都極為類似。在 2021 年時，官方將開發階段設為 Stable，也就是說未來將不會有重大的破壞性更改，可以不用擔心未來有更好版本出現時的升級障礙（註 2-1）。相較於傳統的 Android View 系統，因為可以少寫很多程式碼、直觀、多執行緒渲染 UI、設計得更好的 Theming 系統還有與既有 Android View 完全相容的特性，慢慢的有越來越多公司開始導入。

雖然 Jetpack Compose 有著很多優點，但是還是有些缺點的，其中我覺得最大的缺點就是入門容易，但是精通很難。以筆者的個人感受而言，如果要全面瞭解 Android View 系統的運作方式，難度可能是 5，但是要完全瞭解 Jetpack Compose 的話，難度就有可能到 9 了，為什麼呢？首先，函數式程式設計（Functional programming）是多數人比較陌生的領域，Jetpack Compose 在設計上，基本上幾乎就是以函數式程式設計為基礎來建構的，舉個例子，Jetpack Compose 當中有一個副作用（Side effect）的概念，其生命週期跟執行的次數可能跟當下的函式完全不一樣。但是對於 Android View 而言，由於我們非常習慣物件導向的思維，要做到同一件事的話，將數值儲存在共用變數或是啟動背景任務就好了。其次，Jetpack Compose 的 recomposition 概念雖然立意良好，初學者可以不用知道全貌，但是一但遇到複雜的情境，就還是得要學習其背後的複雜運作機制，也是一個不小的負擔。

> 註 2-1 關於 Jetpack Compose 的版本升級
>
> 雖然 Compose 的 API 不會有大改動，但是因為 Jetpack Compose 目前是綁著 Kotlin 版本一起出，升級時往往都要連 Kotlin 版本一起升級，如果有些在 Kotlin stdlib 的函式中，本來標註 non-null 的參數或回傳值改成了 nullable 的話，就會有意料之外，非 Compose API 造成的影響。

2.2　Jetpack Compose 的基本元件

　　跟所有的 UI 框架一樣，Jetpack Compose 的基本元件也大致上分成兩類：排版元件（Layout）以及一般的顯示元件（View），以下先從最常用的顯示元件介紹起：

Text

　　Text 是顯示文字的元件，能更改的設定非常多，包含文字內容、顏色、字體大小、字型以及對齊方向等等。請看下方程式碼範例以及呈現的效果圖 2-1：

```
1.  @Composable
2.  fun CenterText() {
3.      Text("Hello World",
4.          color = Color.Blue,
5.          fontSize = 20.sp,    // 註 2-2
6.          textAlign = TextAlign.Center,
```

```
7.          modifier = Modifier.width(250.dp),
8.          fontFamily = FontFamily.Monospace
9.      )
10. }
```

Hello World

圖 2-1

註 2-2 Jetpack Compose 的基礎設施型別

Jetpack Compose 提供了各式各樣的基礎設施型別，像是 Dp、Sp、Offset、Color 等等，這樣的設計讓我們不會不小心用錯單位，像在操作傳統 Android View 的位置時有時候會忘了現在的單位是 Dp 還是 Px，因而造成使用上的混亂。

TextField

TextField 可以讓使用者輸入文字以及修改文字內容，其實就是一個文字輸入框，剛接觸宣告式 UI 的讀者在第一次使用 TextField 時可能會很不習慣，因為 TextField 預設是 Stateless 的（章節 2.3），如果沒有去更新 TextField 的 text 內容的話，不管使用者再怎麼打字都不會有反應的。

這個機制避免了同一個資料會有兩個不同來源的情況發生，讓我們可以更好的去達成單一事件來源（章節 5.1）的狀態，也讓整體應用程式的範式更加一致。以下程式碼示範了正確與錯誤的使用方式：

```
1.  @Composable
2.  fun WrongTextFieldExample() { // 不管怎麼編輯都一樣會是 Hello
3.      TextField(
4.          value = "Hello",
5.          onValueChange = { }
6.      )
7.  }
8.
9.  @Composable
10. fun CorrectTextFieldSample() { // 將變數用這種方式儲存起來就可以正常
                                        使用(章節 2.3)
11.     var text by remember { mutableStateOf("Hello") }
12.
13.     TextField(
14.         value = text,
15.         onValueChange = { text = it }
16.     )
17. }
```

Icon

Android View 在顯示圖片時統一用 **ImageView**，但是在 Jetpack Compose 中，將圖片分類成 **Icon** 與 **Image** 兩種不同的元件，下方程式碼示範 **Icon** 的用法，由於 **Icon** 與 **Image** 的用法差不多，所以 **Image** 就不另外展示：

```
1.  @Composable
2.  fun DeleteIcon() {
3.      val painter = painterResource(id = R.drawable.ic_delete)
```

```
4.     Icon(painter = painter, contentDescription = "Delete")
5.   }
```

圖 2-2

Row

最基本的排版元件之一，將寫在 Row 區塊中的所有 UI 元件依水平
方式排列，使用方式非常簡單，下方程式碼示範了水平排列三個 Icon：

```
1.  @Composable
2.  fun RowSample() {
3.      Row() {
4.          val deletePainter = painterResource(id = R.drawable.ic_delete)
5.          val addPainter = painterResource(id = R.drawable.ic_add)
6.          val closePainter = painterResource(id = R.drawable.ic_close)
7.          Icon(painter = deletePainter, contentDescription = "Delete")
8.          Icon(painter = addPainter, contentDescription = "Add")
9.          Icon(painter = closePainter, contentDescription = "Close")
10.     }
11. }
```

圖 2-3

Column

　　既然有了水平方向排列的 **Row**，那當然有垂直方向排列的 **Column**，使用方法與 **Row** 一樣，以下程式碼示範了垂直排列三個 **Text**。

```
1.  @Composable
2.  fun ColumnSample() {
3.      Column {
4.          Text(text = "Hello")
5.          Text(text = "World")
6.          Text(text = "Jetpack Compose")
7.      }
8.  }
```

Hello
World
Jetpack Compose

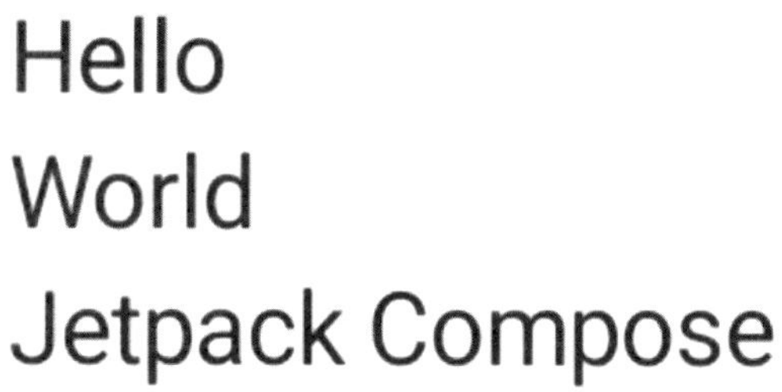

圖 2-4

Box

　　除了水平排列跟垂直排列之外，有時候我們會想要將 UI 元件放在左上角或是中間，這時候就會用到 **Box** 了。如果要對比 Android View 的話，**Box** 與 **FrameLayout** 的定位是類似的，其用法如下：

```
1.  @Composable
2.  fun BoxSample() {
3.      Box(modifier = Modifier.size(200.dp, 200.dp)) {
4.          Text(
5.              text = "Box Sample",
6.              modifier = Modifier.align(Alignment.Center)
7.          )
8.          Icon(
9.              painter = painterResource(id = R.drawable.ic_delete),
10.             contentDescription = "Delete",
11.             modifier = Modifier.align(Alignment.TopStart)
12.         )
13.         Icon(
14.             painter = painterResource(id = R.drawable.ic_add),
15.             contentDescription = "Add",
16.             modifier = Modifier.align(Alignment.BottomEnd)
17.         )
18.     }
19. }
```

Box Sample

圖 2-5

在程式碼第 3 行中，限制了 **Box** 這個排版元件的寬跟高為 200dp，接著，在其中的各個 UI 元件使用了 **Modifier.align** 來指定該元件想要顯示在哪一個位置，Text 放在中間，兩個 Icon 分別放在左上以及右下角，最後的結果就會是圖 2-5 的樣子。

Button

　　Button 是一個混合型的元件，能夠調整其外觀也可以當成排版元件使用，在 **Button** 中沒有任何預先定義好的文字以及圖標，我們要透過組合的方式來指定其顯示的樣貌，這樣的形式相較於 Android View 來說，彈性大了許多，以下程式碼示範如何使用 **Button**、**Text** 與 **Icon** 組合出想要顯示的樣子：

```
1.  @Composable
2.  fun ButtonSample() {
3.      Button(modifier = Modifier.padding(8.dp), onClick = {}) {
4.          Text(text = "Button Sample")
5.
6.          Icon(
7.              painter = painterResource(id = R.drawable.ic_delete),
8.              contentDescription = "Delete"
9.          )
10.     }
11. }
```

圖 2-6

Modifier

Modifier 是 Jetpack Compose 中非常重要的一個元素，用來對當下的 View 增加行為，或是做排版相關的事項。定位有點像是 xml 中的 attribute，像是 layout_gravity、width、height、wrap_content、padding、margin 等等。與 xml attribute 不同的是，**Modifier** 在 Jetpack Compose 中有了更明確的分類方式，一些特定用途的 attribute。像是 text、textColor、fontSize 等等就不會是透過 **Modifier** 來設定，而是透過 function 的參數來設定。

```
1.  @Composable
2.  fun ModifierSample() {
3.      Text(
4.          modifier = Modifier.padding(8.dp)
5.              .border(2.dp, color = Color.Red),
6.          text = "Hello",
7.          fontSize = 18.sp
8.      )
9.  }
```

在 ModifierSample 程式碼範例的第 4 行與第 5 行中，使用 Modifier 分別呼叫了 **padding** 還有 **border** 來設定間距跟外框，然而在第 7 行與第 8 行中的 **text** 與 **fontSize** 這種只屬於 **Text** 的設定就會是屬於該函式的參數，而不是 **Modifier** 該負責的範圍。

2.3　Jetpack Compose 的渲染機制

Jetpack Compose 基本上每個元件都是一個函式，不是類別，在這函式的上方也會有一個 Annotation - **@Composable**。來標註説這是一個 **Composable function**，Composable function 是一個擁有作用域（Scope）的函式，會根據不同情況觸發重新渲染的機制，而這機制稱為 **Recomposition**。

聽起來也許有點複雜，但其實任何渲染框架都需要一個更新目前畫面的機制，像是我們熟悉的 Android View 是藉由 **invalidate()** 與 **requestLayout()** 來觸發更新事件，相較於要自己控制更新事件，Jetpack Compose 把觸發更新機制封裝起來，只要資料有發生任何變化，就會去觸發更新。

下面使用一個簡單的範例來説明其更新機制：

會動的按鈕

在這個範例中我們有一個按鈕，而這個按鈕每按一下位置就會往下移動 10dp，程式碼以及執行效果如下：

圖 2-7

```
1.  class MainActivity : AppCompatActivity() {
2.      private val position = mutableStateOf(0)
3.
4.      override fun onCreate(savedInstanceState: Bundle?) {
5.          super.onCreate(savedInstanceState)
6.
7.          setContent {
8.              ComposeBetaTheme {
9.                  Surface(color = MaterialTheme.colors.background) {
10.                     MovingButton(position.value) {
11.                         position.value = position.value + 10
12.                     }
13.                 }
14.             }
```

```
15.          }
16.      }
17. }
18.
19.
20. @Composable
21. fun MovingButton(position: Int, onClick: () -> Unit) {
22.      Box(modifier = Modifier.padding(16.dp)
23.          .padding(top = position.dp)) {
24.          Button(
25.              onClick = onClick,
26.              modifier = Modifier.background(Color.LightGray)
27.          ) {
28.              Text(text = "Click me!", fontSize = 30.sp)
29.          }
30.      }
31. }
```

首先看看 **MovingButton** 這個函式，做的事情非常簡單，接收了兩個參數，一個是代表位置，另一個則是點擊按鈕的行為。再來看看函式實作方面，這邊最外層用了一個 **Box** 將 **Button** 包起來，並且在第 23 行使用 **padding** 來指定內容物的位置，如此一來，就可以使用注入的參數 **position** 來指定要顯示的位置了。

接下來看到 MainActivity 這邊，其中第 2 行有個全域變數：**position**，這個變數的型別是 **MutableState<Int>**。MutableState 是 Jetpack Compose 中的一個重要的類別，是負責儲存狀態的載體。MutableState 有一個非常神奇的機制，只要改變 MutableState 中的值，Composable function 將會自動觸發更新，將相對應的 Composable function 重新繪製一次。像這邊的流程就是，一旦有一個 **onClick** 事件發生，第 11 行就會被觸發並且改變 position 的值，同時也因為 position 的資料型別是 **MutableState\<Int\>**，所以正在使用 position 的 **MovingButton** 也會重新繪製，所以整個 **MovingButton** 就往下了一點。

Stateful & Stateless UI

剛剛所看到的 **MovingButton** 是 Stateless UI，Stateless UI 就是一個沒有狀態的 UI，輸入的參數一定跟顯示的樣子是一對一相互對應，這在某種程度上也確保了程式的可預測性，一個沒有意外、可預測的程式，寫起來才會安心。

與無狀態相對的，就是有狀態（Stateful UI），Stateful UI 是裡面包含了一些內部狀態的 UI 元件。其實很多原生 Android View 都是有狀態的，像是 **EditText**，我們即使沒有用 **setText** 改變裡面的文字內容，虛擬鍵盤還是可以用某種方式去做更改，並且將改變過後的值儲存在 **EditText** 中。接下來我們用同一個範例示範一下 Stateful UI 在 Compose 會是什麼樣子。

```
1.  @Composable
2.  fun MovingButton() {
3.      val position = remember { mutableStateOf(0) }
4.
5.      Box(modifier = Modifier
6.          .padding(16.dp)
7.          .padding(top = position.value.dp)) {
8.          Button(
```

```
9.          onClick = {
10.             position.value = position.value + 10
11.         },
12.         modifier = Modifier.background(Color.LightGray)
13.     ) {
14.         Text(text = "Click me!", fontSize = 30.sp)
15.     }
16. }
17. }
```

Stateful 的 版 本 將 **position** 儲 存 的 地 方 從 MainActivity 換 到 了 **MovingButton**，因此我們可以看到這個版本的 **MovingButton** 沒有任何參數，但是這個元件的位置卻有可能因為點擊事件而改變，而且函數參數跟顯示的樣子的關係是一對多的關係，不再有可預測性了。

要讓這 UI 變成 Stateful 還有一個關鍵要素：**remember**。由於每次第 10 行的 **onClick** 觸發 Recomposition 的時候，事實上就是再呼叫一次 **MovingButton**，如果沒有記得位置資訊的話，每次都會是一模一樣的結果。**remember** 的用途就是為了解決這問題而存在的，它可以記住 Composable 函數的區域變數，讓每次的呼叫使用同一個實體，因此就不會每次都從頭來了。

下面再介紹一個小小的語法糖：**by**。使用這個語法就可以不用每次都要再用 **.value** 的方式取值了。

```
1. var position by remember { mutableStateOf(0) }
2. // 使用 =                              -> 使用 by
3. // position.value.dp                   -> position.dp
4. // position.value = position.value + 10  -> position += 10
```

2.4　Jetpack Compose 的動畫

Jetpack Compose 的動畫也有用到 state 的概念，所以基本上的運作機制就是利用了 Recomposition，在使用動畫時千萬要小心有沒有重新渲染了太多不必要的 UI 元件喔！

AnimatedVisibility

這應該是最簡單也最好用的動畫 API 了，使用這個 API 就可以在隱藏或顯示 UI 時有淡入淡出的效果：

```
1.  var editable by remember { mutableStateOf(true) }
2.  AnimatedVisibility(visible = editable) {
3.      Text(text = "Edit")
4.  }
```

除了淡入淡出之外，官方也有其他不同的選項提供使用，指定 AnimatedVisibility 當中的 enter 與 exit 這兩個參數即可：

```
1.  var editable by remember { mutableStateOf(true) }
2.  AnimatedVisibility(
3.      visible = editable,
4.      enter = fadeIn(),
5.      exit = fadeOut()
6.  ) {
7.      Text(text = "Edit")
8.  }
```

關於其他更多顯示以及離開動畫選項請參考延伸閱讀 2-1。

animate*AsState

animate*AsState 提供了更低級別的操作，一些 Primitive 的資料型別像是 Int、Float 還有 Jetpack Compose 的基礎型別 Dp、Color、Size 等等都有提供其相關的 API 做使用。

下面的例子就是使用 **animateFloatAsState** 去指定一個元件 alpha 值的動畫效果：

```
1.  val alpha: Float by animateFloatAsState(if (enabled) 1f else 0.5f)
2.  Box(
3.      Modifier.fillMaxSize()
4.          .graphicsLayer(alpha = alpha)
5.          .background(Color.Red)
6.  )
```

其他的 **animate*AsState** API 請參考表 2-1：

API	對應型別
animateFloatAsState	Float
animateIntAsState	Int
animateDpAsState	Dp
animateColorAsState	Color
animateOffsetAsState	Offset
animateRectAsState	Rect

表 2-1

AnimationSpec

使用 AnimationSpec 可以更進一步的客製化動畫的效果，如果我們指定動畫的值是從 0 跑到 1，中間產生其他數值的過程其實通常不會是線性的，有可能在一開始會變化的多一點，到中間過後才會開始慢下來，達成一個加速的效果。

以下示範用了 2.4 節的例子做一個有「彈跳」效果的移動動畫。

```
1.  @Composable
2.  fun MovingButton() {
3.      var position by remember { mutableStateOf(0) }
4.
5.      val animatedPosition by animateDpAsState(
6.          targetValue = position.dp,
7.          animationSpec = spring(
8.              dampingRatio = Spring.DampingRatioHighBouncy,
9.              stiffness = Spring.StiffnessMedium
10.         )
11.     )
12.
13.     Box(
14.         modifier = Modifier
15.             .padding(16.dp)
16.             .padding(top = animatedPosition)
17.     ) {
18.     // 以下省略
```

上方範例的第 7 行指定使用了 spring 的 AnimationSpec，也就是彈簧動畫，所以當按鈕往下移動時會看到「彈一下」的效果。

以上的部分大致上涵蓋了本書會用到的動畫內容，會了這些，其實就已經能做出很多很棒的動畫效果了，如果還想瞭解更多的話，一樣可以去參考官方說明文件，上面的內容會不定時更新。

2.5 繪製便利貼

有了基本知識後，要繪製一個便利貼基本上是一件很容易的事，其中輸入 **Note** 是之前在章節 1.4 中所定義的模型：

```
1.  @Composable
2.  fun StickyNote(note: Note) {
3.      Surface(
4.          Modifier
5.              .offset(x = note.position.x.dp, y = note.position.y.dp)
6.              .size(108.dp, 108.dp),
7.          color = Color(note.color.color),
8.          elevation = 8.dp
9.      ) {
10.         Column(modifier = Modifier
11.             .padding(16.dp)
12.         ) {
13.             Text(text = note.text, style = MaterialTheme.
                typography.h5)
14.         }
15.     }
16. }
```

這裡我總共用了三個不同的基本元件來繪製便利貼，依序是：
Surface、Column 以及 Text。

Surface 提供了便利貼的基底，不管是背景顏色、大小、位置都是
在這邊設定，因此可以看到第 5 行使用 note.position 設定了便利貼的位
置，還有第 7 行使用了 note.color 設定背景顏色。

Column 提供了垂直排版，雖然目前為止派不上用場，也可以取代
為 Box 或是 Row，但其實也沒什麼關係，這邊就只是讓 Text 有個地方
可以放，到時候要換成任何排版元件都很容易。

Text 就是顯示其文字內容了，這邊應該不需要多作說明。以下是目
前效果圖：

圖 2-8

2.6　小結

　　本章介紹了一些 Jetpack Compose 的基本組件以及觀念，而且只介紹了 Jetpack Compose 其中一小部分的觀念，但是就如同一開始所提到的，這是一個不容易精通而且用得好的 UI 框架，在學習的過程中可能要補充一些函式程式設計還有宣告式 UI 的概念。但是，一旦你掌握了當中的精髓，再搭配響應式程式設計或是函式程式設計的程式架構，刻畫 UI 將會是非常享受、開心的一件事。

延伸閱讀

2-1　Jetpack Compose 動畫官方文件：https://developer.android.com/jetpack/compose/animation

Note

03

專案初期架構選擇

在專案初期時我們要怎麼選擇適合的架構呢？通常來說我們第一個想到的選項會是 MVC、MVP、MVVM 中的其中一個，如果先不管這三個的差異，就算只看 MVVM，其實到最後會發現每個人的做法都不太一樣，各自有各自的理解。那實際上應該要使用哪種做法呢？本章將會跟大家討論其背後的理論基礎以及在專案開發上應該要有的心態。

本章重點

▶ 理論中的分層結構不一定要與實際專案結構完全一致。

▶ 專案初期架構越簡單越好，將決策延後可以帶來更多彈性。

3.1 多層式架構（Multilayer Architecture）

在介紹 MVVM 之前，這邊要先介紹一下 MVVM 更上一層的抽象概念「**多層式架構**」。不管是 MVC、MVP 還是 MVVM，甚至是後來的 MVI 等等新出現的架構模式，都是屬於多層式架構。不過多層式架構所涵蓋的範圍較廣，分層的數量可以超過三層，重點也不會永遠都放在 UI 的職責分離上。

多層式架構的核心訴求是**關注點分離**（註 4-1），藉由定義邊界來將程式**模組化**（註 4-2），每一層都有著各自要做的事，也有著不同的存取權限。在多層式架構中，最常被拿來使用的就是屬於三層式架構了，以一般的應用程式來說，三層式架構是非常適合用來當作基礎架構，不只容易上手，在後續維護上也有足夠的彈性。

> 註 4-1 **關注點分離**（**Separation of concerns**）
>
> 用程式解決問題時，我們可以把問題分解成不同的小區塊，每一個區塊都會盡可能的封裝，讓我們在寫程式時一次只需要關注一件事，解決當下的問題，不被其他技術細節或外在條件所干擾。

> 註 4-2 **模組化**（**Modularization**）
>
> 將一個系統細分為許多小單元，這單元的粒度大小依情境而定，小到有可能只是一個方法（method）或是類別（class）、大至套件（package）或是函式庫（library）。

如圖 3-1 所示，三層式架構從上到下分別為：顯示層、商業邏輯層、資料層。

■ 表現層（**Presentation layer**）：繪製圖形化介面，還有處理圖形化介面的互動行為，像是點擊、捲動、拖曳等等。

■ 商業邏輯層（**Business layer**）：應用程式的核心，包含資料的驗證、計算以及組合，如果是記帳 App 的話，帳目的加總還有匯率換算都會是屬於該層的範疇，這邊盡量要降低與開發環境或是第三方服務的相依關係，不然在開發後期會不好維護與擴充（章節 9.2 依賴原則）。

■ 資料層（**Data layer**）：資料的提供者，新增、修改、刪除、查詢資料都是屬於這一層的範疇。這一層很容易與商業邏輯層混用，常常會因為想要**重用程式碼**，而把商業邏輯的資料處理寫在這邊，如果要避免這件事的發生，設計領域模型（章節 10.1 領域）並將之與 Data Transfer Model 分開會是個不錯的選擇。

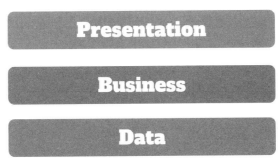

圖 3-1　三層式架構

一般來說,最上面的顯示層能直接對商業邏輯層進行操作,但是不能對資料層進行操作,也完全不知道資料層的存在。至於中間的商業邏輯層,它就能夠操作資料層了,但是不能知道顯示層的存在,也就能更專注的在處理商業邏輯而不用管顯示細節(顏色、頁面跳轉等等)。最下面的資料層就更加單純了,不認識上面的任何元件,只能等待被別的程式碼使用。所以三層式架構有一個從上而下的相依關係,上層使用下層,下層無法知道上層。

在某些使用案例中,可能不只三層,也有可能因為需求而需要跨層存取,第一層可以使用第三層或是第四層的類別,層與層之間的存取權限並不是絕對的。相對的,如果因採用嚴格的限制而導致開發速度緩慢,或是沒有一個合理的原因去做這樣的限制的話,就不會是一個好架構,好的架構應該最大化工程師的生產力,而不是大家的累贅。

作者小故事

還記得筆者是菜鳥工程師時,問了公司裡的資深工程師專案架構是怎麼想出來的(剛好就是多層式架構),我想要學習這方面的知識,他的回答讓我印象非常深刻且受用:「你就先用抄的吧!」雖然一開始聽到這答案時有點傻眼,但是他說的沒錯啊!對於一個菜鳥來說,與其去鑽研那背後所有的理論基礎,倒不如先去模仿,在模仿的過程中自然會慢慢的累積經驗,有了這些經驗才會去深刻體會其中的利與弊。當然這邊也不是鼓勵無腦照抄,而是說當有某些知識當下無法理解時,可以先暫時放下它,之後程度到了自然會突然想通。

3.2　MVVM 架構模式

　　MVVM 總共是由三個部分組成的：M 代表 Model、V 代表 View、VM 代表 ViewModel。這三個部分看起來是不是跟多層式架構的分類方式很像呢？那它們是不是剛好就是一對一的對應關係呢？很可惜的是，我認為這部分是有爭議的。

圖 3-2　MVVM 架構模式

　　依照 Wiki 上的定義（延伸閱讀 3-1），Model 的職責包含了商業邏輯、領域模型以及資料存取，也就是説這部分就已經包含了三層式架構的底下兩層 - 商業邏輯層以及資料層。而在 Model 左邊的 View 以及 ViewModel 則是對應到了多層式架構的顯示層。View 與 ViewModel 之間是透過**資料綁定**（註 4-3）來傳遞顯示層的資料，有了資料綁定之後，ViewModel 上的任何資料更新都會自動會通知 View，因而產生相對應的圖形化介面。因此任何對 ViewModel 的資料更新就是等於在操作顯示層的邏輯，View 就只剩下跟平台相依的實作細節，在這狀況下測試顯示層邏輯變得相當容易，因為只需要測試 ViewModel 就好。

　　以上是大致上的原始定義，先拉回到 Android 這邊。如果我們要在 Android 上使用 MVVM 的話，是不是一定要按照上面的定義來做呢？如果沒有，這樣是不是就是等於**不正確**的使用 MVVM 呢？這邊有幾個問題想跟大家討論一下：

1. 顯示層邏輯與商業邏輯差在哪？在做 App 開發時，所謂的「商業邏輯」是什麼呢？像是電商 App 來説好了，使用者選購商品時，會需要將商品加入購物車，然後還要對目前的總額進行加總或是打折。這邊算是商業邏輯對吧？那如果這部分後端做完了，手機端還需要做什麼呢？再來舉另外一個例子，登入頁面中如果使用者還沒有填入帳號密碼的話，按鈕會是處於無法點擊的狀態，直到使用者填入並符合規範，那這部分的邏輯是顯示層邏輯還是商業邏輯呢？

2. Android Architecture Component（註 4-4）中的 ViewModel 是 Android 開發者最常用到的元件之一，如果依照上面 MVVM 的定義，我是不是不能放任何商業邏輯在這個 AAC 的 ViewModel 呢？那商業邏輯應該要放哪？ Repository（註 4-5）可以嗎？

3. 資料綁定非常方便，在 ViewModel 中的資料跟 View 有相互對應關係的，那 ViewModel 的資料、資料庫的資料還有商業邏輯的資料都是同一個資料模型嗎？同一個資料模型比較好還是另外設計比較好呢？

> 註 4-3 **資料綁定（Data binding）**
>
> 將「資料提供者」與「資料使用者」透過某種方式繫結在一起的技術，Google 有提供 Data Binding Library 來實現 xml 的資料綁定，但是廣義上來說，即使是只有使用觀察者模式來做 Activity 與 ViewModel 的綁定，也可以稱作是資料綁定。

註 4-4 Android Architecture Component

Google 提供的函式庫集合，主要是為了讓開發者能夠更快速的、更專注的在功能開發上所設計出來的，這函式庫集合解決了很多會在 Android 開發碰到的共同問題。

註 4-5 Repository

或稱為 Repository pattern，Repository 封裝了資料存取的相關邏輯，這麼做的好處是可以將資料庫實作細節跟商業邏輯解耦，提高可維護性。

It depends

其實以上的問題都沒有標準的答案，最後還是會回到軟體開發上大家都很愛講的那句話：「**It dependes**」。但對我來說，我希望整個 App 的架構是越簡單越好，在沒有複雜的問題需要被解決的情況下，採用「過於嚴格」的定義往往沒什麼好處，最後反而會花費太多時間在討論一些對使用者或是對公司產品沒有價值的事情。以現在我要做的 App 來說好了，便利貼應用程式就是一個充滿 UI 互動的軟體，對於這個 App 來說，什麼是商業邏輯，什麼是顯示邏輯，似乎沒有這麼容易的可以分清楚，那沒有分清楚是一個大問題嗎？目前也看不太出來，那就也不用花太多時間糾結在這上面。

那有沒有邏輯可以分的很清楚的案例呢？當然有！如果最後我要開發一個可以用來跑 Sprint 流程的看板應用程式，「Sprint 流程」本身就已經隱含了非常多規則在裡面，所以在這情況下，分出商業邏輯層跟顯示邏輯層是一件再正常也不過的事情。

　　由於我們專案目前還在探索階段，還找不太到明顯的模式，相信很多剛起步的應用程式也會有這段時期。所以我們就依現有的資訊來去做設計就可以了，架構在某種層面來說，是一種「限制」，在發現專案中有重複的模式的時候，加上這種限制是好的，但是如果還沒發現模式前，就套用別人所設計的「**最佳實踐**」架構，很有可能在專案發展後期發現這些限制讓我們無法完成特定需求，進而變成一個累贅。

3.3　專案架構介紹

　　說完理論的部分，接下來看看便利貼應用程式的架構吧！

- **View**：主要是由 Jetpack Compose 來完成，負責繪製以及 UI 互動觸發，會直接與 ViewModel 進行資料綁定。

- **ViewModel**：這邊使用 Android Architecture Component 的 ViewModel。選擇它的原因是它可以幫我們處理好 Android 生命週期事件。ViewModel 會提供公開的欄位給 View 去做資料綁定，以及公開的方法接受 UI 事件。另一方面，便利貼的相關資料會透過 Repository 來去做更新，而這些更新完的資料也會從 Repository 中取得。因此，ViewModel 在我們的架構中是一個重要的橋樑。

- **資料層**：也就是 Repository，負責資料的新增、修改、刪除以及查詢資料。

　　我想這時候你應該會問:「現在不是在用 MVVM 嗎?為什麼最後一個是資料層而不是 Model?」在回答這問題前我想問問大家,前面有說過,原始定義中 MVVM 的 ViewModel 是不包含商業邏輯的,但是我們目前架構中的 ViewModel 有商業邏輯嗎?看起來答案是肯定的,因為目前架構中的 Repository 職責非常單純,只負責了資料相關的處理,那商業邏輯肯定是在 ViewModel 中了。也就是說,這個 ViewModel 並不是 MVVM 中的 ViewModel,這個架構分層的原則也不是以 MVVM 為基礎!

　　看到這裡,也許有些讀者會覺得很驚訝,想說:「我的 MVVM 一直來都是這麼做的,所以你是在跟我說我之前寫的都不是 MVVM 架構嗎?」是的,也許一直以來你都沒在用「**最正確**」的方式寫 MVVM。但是有沒有使用「**最正確**」的方式寫 MVVM 搞不好沒那麼重要,對吧?在這裡,我們應該要追求的是「**最適合**」的架構。

3.4　MVVM 程式碼實作

Repository

```
1. // 請在 app/build.gradle 新增下列兩行程式碼
2. dependencies {
3. …
4. + implementation "io.reactivex.rxjava3:rxjava:3.0.12"
5. + implementation "androidx.compose.runtime:runtime-rxjava3:
      $compose_version"
```

這邊會使用 RxJava 來當作主要的非同步技術框架，一開始我們先考慮最簡單的流程，也就是獲取所有的便利貼資料並顯示在螢幕上，把資料從頭到尾先串起來：

```
1.  interface NoteRepository {
2.      fun getAll(): Observable<List<Note>>
3.  }
4.
5.  class InMemoryNoteRepository(): NoteRepository {
6.      // Note.createRandomNote() 是額外寫的一個函式，可以產生隨機位置的
            便利貼
7.      private val allNotes = listOf(
8.          Note.createRandomNote()
9.      )
10.
11.     override fun getAll(): Observable<List<Note>> {
12.         return Observable.just(allNotes)
13.     }
14. }
```

上面定義了一個 interface：**NoteRepository** 以及相對應的實作：**InMemoryNoteRepository**，使用 interface 有一個好處，就是我可以不用設定好資料庫才能讓應用程式運行起來，使用預先產生的假資料去給其他元件做使用就好。另外要注意一點，getAll() 的回傳型別是 **Observable**，這表示了我們已經預期這些資料將會一直變動，未來一旦有其他元件透過 **NoteRepository** 來修改資料，getAll() 就會送出最新的資料給下游訂閱者。

ViewModel

由於目前還沒有任何邏輯，也不需要轉換資料格式，所以 ViewModel 這邊非常的簡單，要等到下一章整合手勢操作後 ViewModel 才會有比較大的用途，不過我們已經很明確的知道這一個元件是需要的，就算目前看起來很笨也無妨。

```
1.  class BoardViewModel(
2.      private val noteRepository: NoteRepository
3.  ): ViewModel() {
4.      val allNotes: Observable<List<Note>> = noteRepository.getAll()
5.  }
```

很單純的呼叫 Repository 的 API，再給更外層的元件使用，回傳的型別一樣是 **Observable**。看到這裡，對 Android 開發已經很熟悉的你可能會有疑問，怎麼不用 **LiveData** 呢？答案將會在下面揭曉。

View

View 的部分其實在之前就已經完成的差不多了，讓我們再複習一下：

```
1.  @Composable
2.  fun StickyNote(note: Note) {
3.      Surface(
4.          Modifier
5.              .offset(x = note.position.x.dp, y = note.position.y.dp)
6.              .size(108.dp, 108.dp),
```

```
7.          color = Color(note.color.color),
8.          elevation = 8.dp
9.      ) {
10.         Column(modifier = Modifier
11.             .padding(16.dp)
12.         ) {
13.             Text(text = note.text, style = MaterialTheme.
                typography.h5)
14.         }
15.     }
16. }
```

　　以上的程式碼可以讓我們的便利貼顯示在相對應的位置上，但是這
只能顯示單張便利貼，我們需要的，是顯示所有的便利貼，所以我們需
要做另外一個 View。由於便利貼通常是貼在白板上，這邊就將他命名為
BoardView 吧！

```
1.  import androidx.compose.runtime.getValue //委派語法，需要 import
2.  import androidx.compose.runtime.rxjava3.subscribeAsState //資料綁定
3.
4.  @Composable
5.  fun BoardView(boardViewModel: BoardViewModel) {
6.      val notes by boardViewModel.allNotes.subscribeAsState(initial
        = emptyList())
7.
8.      Box(Modifier.fillMaxSize()) {
9.          notes.forEach { note ->
10.             StickyNote(note = note)
11.         }
12.     }
13. }
```

看到第五行這邊，我們將剛剛完成的 **BoardViewModel** 當作參數傳進來，如此一來就可以將資料從 Repository 一路傳到 View 了。還有，為了顯示所有的便利貼，在第九行這邊使用了 **forEach** 呼叫 **StickyNote**，這也正是 Jetpack Compose 令人著迷的地方之一，使用起來非常直覺，傳統的 Android View 就沒辦法這麼輕易的做到。

接下來就來看看 View 跟 ViewModel 之間是怎麼進行資料綁定的吧，請看上方程式碼第六行，這邊用到了一個委派的語法：**by** 以及 **subscribeAsState**。subscribeAsState 是一個 extension function，會將 Observable 轉成另一種型別：**State**。我們可以把 **State** 想像成是一種觀察者模式的實作，在 Composable function 中使用 **State.value** 就等同於拿現在最新的值，**State** 如果有任何更新，整個 Composable function 也會重新執行一次，這個機制在 Jetpack Compose 稱作 **Recomposition**，以下為 **State** 的原始碼：

```
1.  /**
2.   * A value holder where reads to the [value] property during the
     execution of a [Composable]
3.   * function, the current [RecomposeScope] will be subscribed to
     changes of that value.
4.   */
5.  @Stable
6.  interface State<out T> {
7.      val value: T
8.  }
```

但要是每次取值時都要使 **State.value** 也是挺麻煩的,這時候 by 就派上用場了,使用這個委派的語法,就可以讓我們忽略 **State** 的存在,直接讀取 value 中的資料,因此在第九行中才可以直接使用 notes,非常方便。

深度剖析

還記得剛剛提到 LiveData 嗎?為什麼在 ViewModel 中用的不是 LiveData 而是 Observable?我們先看一下 LiveData 原本要解決的問題是什麼吧!以下是官方文件的定義:

> 「LiveData 是一種可觀察的數據儲存器。與常規的可觀察類不同,LiveData 具有生命週期感知能力,意指它遵循其他應用組件(如 Activity、Fragment 或 Service)的生命週期。這種感知能力可確保 LiveData 僅更新處於活躍生命週期狀態的應用組件觀察者」。

我們現在有看到任何 Activity、Fragment 還是 Service 嗎?沒有,對吧?現在使用的全部都是 Composable function,那是不是代表我們沒有生命週期的問題了?這也不對,因為 Composable function 跟 Android framework 之間還是有一些生命週期的事件要處理。但是這些我們已經不需要去煩惱了(至少以現在的需求來說),Jetpack Compose 自動幫我們解決這些問題,不用煩惱 Memory leak,不用自己控制資源回收的時機,一切交給 Jetpack Compose 的 API 吧! subscribeAsState 已經處理好生命週期的問題了,所以這時候

如果在 ViewModel 硬要多一個轉換到 LiveDate 的動作的話，雖然
程式也可以照常運行，但是這實在是有點多此一舉。除非⋯這個
ViewModel 除了 Composable function 之外，還要跟其他的 Fragment
一起共用，那這時候使用 LiveData 就比較説得過去。

主元件（**Main component**）

除了 Repository、ViewModel、View 這三個組件之外，這個應用程
式還有什麼其他的類別嗎？當然有！我們都知道 Android 應用程式至少
都需要一個 Activity，那這個 Activity 是屬於什麼呢？一般來説都會認為
Activty 是屬於 View 的一部分，但是有了 Jetpack Compose，Activity 就可
以完全的拋棄這個職責，全部交給 Composable function 來處理就好。本
專案中的 Activity 就只要做兩件事：一是把所有必要相依的物件準備好，
然後把這些相依的物件丟給 View，二是負責啟動整個應用程式，而這種
類型的元件，就叫做**主元件**。

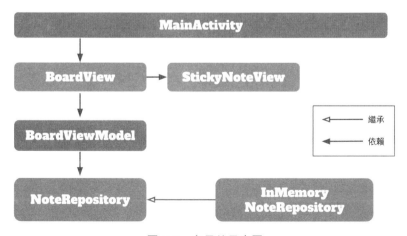

圖 3-3　主元件示意圖

主元件這概念源自於《Clean architecture》這本書中的第 26 章。特別提出這個概念，主要是因為筆者認為程式的起始點不應該是 View 的職責，將這概念特別分開有助於我們對架構上有更好的了解，請看圖 3-3，最上面的 MainActivity 就是本專案中的主元件，其餘的部分由上到下分別對應 View、ViewModel 以及 Repository。在主元件中，通常我還會使用相依性注入（註 4-6）函式庫幫忙做相依性管理，這邊就隨大家的喜好，用 Dagger2, Hilt 或是 Koin 都可以，本書主要會是使用 Koin 來當作相依性注入函式庫。相關的程式碼如下：

```
1.  class MainActivity : ComponentActivity() {
2.      override fun onCreate(savedInstanceState: Bundle?) {
3.          super.onCreate(savedInstanceState)
4.          setContent {
5.              ReactiveStickyNoteTheme {
6.                  val viewModel by viewModel<BoardViewModel>() //
                    標準的 koin 用法
7.                  BoardView(boardViewModel = viewModel)
8.              }
9.          }
10.     }
11. }
```

註 4-6 相依性注入（Dependency injection）

當一個類別使用了另一個類別，我們稱這個關係為依賴，其關係為「使用方」與「被使用方」。相依性注入是一種可以讓我們有彈性的任意替代「被使用方」的技術。

3.5 小結

目前的程式架構分成了四大區塊：Main component、View、ViewModel、Repository。其中 View、ViewModel、Repository 與三層式架構大致上是可以相互對應的，但是如果對應到 MVVM 卻是有點困難，目前程式架構的 ViewModel 包含了 MVVM 的 ViewModel 與 Model，但就如前面所說的，這不是什麼大問題，將決策延後對於專案維護成本是有很大的幫助的。

到此為止，我們已經完成靜態的便利貼應用程式，也就是說這是一個只能用來顯示，但**無法互動**的便利貼的應用程式，下一章開始，我們將慢慢加入越來越多的互動元素。

延伸閱讀

3-1　MVVM Wiki：https://en.wikipedia.org/wiki/Model-view-viewmodel

3-2　Data Binding Library：https://developer.android.com/topic/libraries/data-binding

3-3　為什麼要用 Dependency Injection?：https://hung-yanbin.medium.com/e7b65704a5ac

Note

04

便利貼的即時互動

在釐清完專案架構後，接下來的任務，就是要把功能一個一個的加上去，但是在加功能時，我們如何知道、如何驗證這些邏輯是不是寫錯地方呢？學了很多理論，卻不知道要如何在實戰中運用嗎？在本章中，筆者會在接下來的需求中結合軟體設計原則並實際演練給大家看。

本章重點

▶ 比較不同範式（Reactive V.S. Imperative）實作的差異。

▶ 如何運用響應式程式設計解決網路延遲問題。

▶ 反覆思考每個元件應有的職責，並運用 SOLID 的里氏替代原則輔助架構上的決策。

在這一章中我們開始加一些互動的元素，也就是「移動」，移動是一個非常直覺的整理方式，將兩個便利貼放在一起，可以表示他們兩個之間有某種程度的關係，如果在便利貼數量更多時，也可以藉由移動來分組，如圖 4-1 所示：

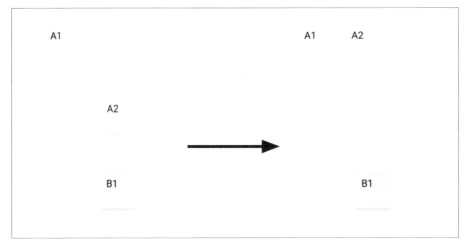

圖 4-1　藉由移動便利貼的位置來分組

移動便利貼有很多方式可以達成，但是對於使用者來說，用手勢操作才是最方便的，所以這一章的前半段我們會介紹手勢操作是怎麼完成的，在 View、ViewModel 以及 Repository 各做了哪些事，在這部分Repository 還是使用最簡單的作法。接著，本章的後半段會開始考慮網路連線的情況，這時將會面臨到一個技術挑戰，這是一個非常有趣又經典的問題。

讀者不妨在這時候猜一猜會發生什麼問題吧！如果你已經知道會發生什麼問題，假設是你，你又會如何去解決這狀況呢？

4.1 手勢事件資料流

在開始實作之前，讓我們先用一個簡單的範例模擬一下資料會從哪邊產生，在哪邊計算處理，還有最後是怎麼使用的，請看下圖 4-2：

圖 4-2

假設現在有一筆便利貼的資料，id 是「A」，其所在的位置是（60, 60），因為資料綁定，這資料就會從最右邊的 Repository，經由 ViewModel，最後到達 View，畫在（60, 60）的這個位置上，到這邊為止是上一章所完成的內容。

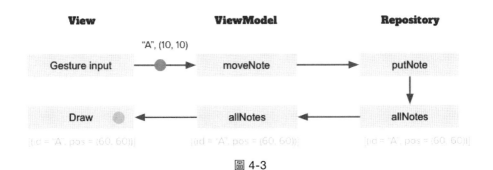

圖 4-3

接下來，使用者開始移動便利貼，於是就會從 View 的手勢中偵測到位移量，產生了上圖 4-3 的深色圓點，也就是「A」這一個便利貼往下以及往右各移動 10 個單位，接著，由於我們目前是 MVVM 架構，所以這個事件會送到 ViewModel 去處理。

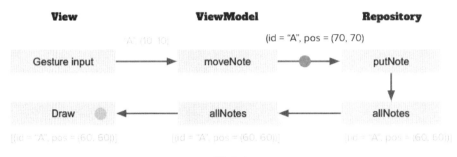

圖 4-4

ViewModel 接收到這個事件後，由於 ViewModel 在便利貼 App 中的職責包含了所有的邏輯運算，所以 ViewModel 有責任計算出便利貼「A」接下來的位置，如圖 4-4 所示，原本的位置（60, 60）再加上新的位移量（10, 10），新的位置將會是（70, 70）。依據 MVVM 架構，新的便利貼資料產生出來後，會再交給 Repository 來儲存並更新。

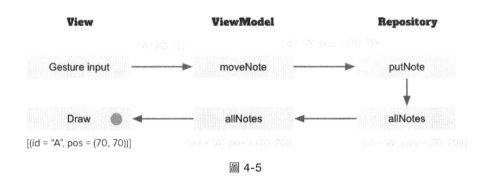

圖 4-5

Repository 更新完之後，由於 Repository 與 ViewModel 之間有進行資料綁定，還有 ViewModel 跟 View 之間也有資料綁定，所以 View 會自動的更新到最新資料，請看圖 4-5：深色的原點已經取代了原本的原點，位置也更新成了（70, 70）。

　　以上是完整的手勢事件資料流，有了概念之後讓我們來看看實作吧！

4.2　手勢事件資料流實作

View

　　首先來看看 View 的部分，目前為止 View 總共由兩種元件組合而成，一個是代表便利貼的 StickyNote，另一個則是代表便利貼容器的 BoardView，以下是 StickyNote 改動過後的程式碼：

```
1.  @Composable
2.  fun StickyNote(
3.      modifier: Modifier = Modifier,
4.      onPositionChanged: (Position) -> Unit = {},
5.      note: Note,
6.  ) {
7.      Surface(
8.          modifier
9.              .offset(x = note.position.x.dp, y = note.position.y.dp)
10.             .size(108.dp, 108.dp),
11.         color = Color(note.color.color),
12.         elevation = 8.dp
13.     ) {
```

```
14.     Column(
15.         modifier = Modifier
16.             .pointerInput(note.id) {
17.                 detectDragGestures { change, dragAmount ->
18.                     change.consumeAllChanges()
19.                     onPositionChanged(Position(dragAmount.x,
                         dragAmount.y))
20.                 }
21.             }
22.             .padding(16.dp)
23.     ) {
24.         Text(text = note.text, style = MaterialTheme.
            typography.h5)
25.     }
26.   }
27. }
```

這邊的改動主要有三個區塊

1. 第 3 行的 modifier 參數，根據官方建議的最佳實踐，最好每一個
   Composable 都有一個 modifier 參數，這樣一來，這個 Composable
   的呼叫方就可以有一定程度的掌控權，包含對其位置、大小設定、
   背景顏色等等。晚點將會看到它的用處。

2. 第 4 行的 onPositionChanged，這邊使用回呼函式的方式讓呼叫方獲
   得位移事件通知，對於函式程式設計不熟悉的讀者可能一開始會有些
   不習慣這樣的寫法，但其實只要把它類比成一般的按鈕點擊事件即可。

3. 最後是第 16 行到第 21 行的 pointerInput，這邊的語法基本上就是在
   串接手勢操作事件，細節就不詳細描述了，有興趣的讀者可以去參

考官方文件的說明（延伸閱讀 4-1），這邊的重點是在第 19 行中，我們可以獲得手勢操作的位移量，組成 Position 的資料結構，然後再呼叫 onPositionChanged，讓 StickyNote 的呼叫方有辦法獲得這資訊。

```
1.  @Composable
2.  fun BoardView(boardViewModel: BoardViewModel) {
3.      val notes by boardViewModel.allNotes.subscribeAsState
        (initial = emptyList())
4.
5.      Box(Modifier.fillMaxSize()) {
6.          notes.forEach { note ->
7.              val onNotePositionChanged: (Position) -> Unit = {
                delta ->
8.                  boardViewModel.moveNote(note.id, delta)
9.              }
10.
11.             StickyNote(
12.                 modifier = Modifier.align(Alignment.Center),
13.                 onPositionChanged = onNotePositionChanged,
14.                 note = note)
15.         }
16.     }
17. }
```

接著來看看 BoardView 這邊的改動：

1.　第 7 行到第 8 行的 onNotePositionChanged 比剛剛的 onPositionChanged 多帶了另一項資訊，也就是目前的便利貼 id，有了這兩項資訊，就可以按照原本規劃的那樣，將便利貼位移事件傳遞給 BoardViewModel。

2. 第 12 行中，將 modifier 這個參數帶入了 Mofifier.align(Alignment.Center)
    讓每一個便利貼的起點都是整個畫布的中心位置，因此畫面的中心
    點就是（0, 0）這個位置，往左邊還有往上是負的座標位置，往右
    與往下則是正的座標位置。先聲明一下，座標系統的定義沒有絕對
    的對錯，只是筆者在這專案中先做了這樣的決策。

深度剖析

命名一直都是一個很困難的問題，在 BoardViewModel 中，**moveNote()**
這個命名出來之前也有考慮過其它不同的名字，像是 **updateNote()**
或是 **dragNote()**。**updateNote()** 是一個很容易想到的函式名稱，
但是這個函式的名稱並沒有表示使用者的意圖，只是說明了要「更
新資料」這件事，而且如果未來還需要更換便利貼的文字內容的時
候，也用了一樣的名字，不是會更加混淆嗎？所以我放棄了這個選
項。至於 **dragNote()** 就考慮得比較久了，因為它有表示到使用者的
意圖，但是這個名字有隱含著一個意義，如果 drag 了，那是不是
還要呼叫另一個函式 **dropNote()** 來結束呢？因此，**moveNote()** 是
一個最好的選項。

ViewModel

```
1.  class BoardViewModel(
2.      private val noteRepository: NoteRepository
3.  ): ViewModel() {
```

```
4.
5.      val allNotes = noteRepository.getAll()
6.
7.      private val disposableBag = CompositeDisposable()
8.
9.      fun moveNote(noteId: String, delta: Position) {
10.         Observable.just(Pair(noteId, delta))
11.             .withLatestFrom(allNotes) { (noteId, delta), notes ->
12.                 val currentNote = notes.find { it.id == noteId }
13.                 Optional.ofNullable(currentNote?.copy(position =
    currentNote.position + delta))
14.             }
15.             .mapOptional { it }
16.             .subscribe { newNote ->
17.                 noteRepository.putNote(newNote)
18.             }
19.             .addTo(disposableBag)
20.     }
21.
22.     override fun onCleared() {
23.         disposableBag.clear()
24.     }
25. }
```

ViewModel 的部分用了比較多的 RxJava 的語法，另外還結合了
Java8 的 Optional 來處理空值的情況，如果撇除這些串流操作細節的
話，主要的核心邏輯在第 12 行與第 13 行，第 12 行從目前的所有便利
貼中使用 id 找出移動中的那一個便利貼，然後在第 13 行計算並產生出
新的位置，最後則是會在第 17 行中再傳給 **noteRepository** 去更新。

其實還有另一種解決方案，就是把 **allNotes** 的資訊暫存在 **BoardViewModel** 中，不是以 **Observable<List<Note>>** 的形式而是以 **List<Note>** 的形式存在，這樣一來，我就不用使用這些一連串的操作符才能得到結果了，這樣的解法簡單很多不是嗎？

```
1.  class BoardViewModel(
2.      private val noteRepository: NoteRepository
3.  ): ViewModel() {
4.
5.      var allNotes: List<Note> = emptyList()
6.      private val disposableBag = CompositeDisposable()
7.
8.      init {
9.          noteRepository.getAll()
10.             .subscribe { allNotes = it }
11.             .addTo(disposableBag)
12.     }
13.
14.     fun moveNote(noteId: String, delta: Position) {
15.         val currentNote = notes.find { it.id == noteId }
16.         val newNote = currentNote?.copy(position = currentNote.
    position + delta)
17.         newNote?.let { noteRepository.putNote(it) }
18.     } // 簡單又直覺的解法，是吧？
```

到底哪一種方案比較好呢？首先我提出了一個比較符合響應式程式設計風格的解決方案，這個方案的確可以運作，但是缺點是對於響應式程式設計沒有那麼熟悉的人維護起來會比較吃力，把簡單的事情變複雜了。接著第二種方案是只要會使用 subscribe 就可以很容易的寫出來，

不需要額外的知識，這種程式設計風格我們通常稱呼為指令式程式設計
（Imperative programming）。

目前看起來第二種方案比較好，對吧？但是實際情況當然沒有這麼
簡單，要選用哪一個方案還是要看未來的方向而定。很顯然的，目前還
看不太出來，所以我們先不要被困在這邊，把剩下的做完再回頭看吧！

Repository

```
1.  class InMemoryNoteRepository(): NoteRepository {
2.
3.      private val notesSubject = BehaviorSubject.create<List<Note>>()
4.      private val noteMap = ConcurrentHashMap<String, Note>()
5.
6.      init {
7.          val initNote = Note.createRandomNote()
8.          noteMap[initNote.id] = initNote
9.          notesSubject.onNext(noteMap.elements().toList())
10.     }
11.
12.     override fun getAll(): Observable<List<Note>> {
13.         return notesSubject.hide()
14.     }
15.
16.     override fun putNote(newNote: Note) {
17.         noteMap[newNote.id] = newNote // 如果有同一個 id 的 note，
                                              直接覆寫過去
18.         notesSubject.onNext(noteMap.elements().toList())
                                         // 發出下一個事件
19.     }
20. }
```

Repository 的實作很簡單，藉由第 3 行的 **noteSubject** 與第 4 行 **noteMap** 的結合，就可以實作出一個簡單響應式儲存結構。

到目前為止已經完成了一小步，讀者不妨自行試著執行看看，便利貼是真的可以移動的！

其他實作方案與討論

現在的資料流主要分成兩條，一條是從 Repository 一路傳到 View 的便利貼資料流，主要傳遞的方式是藉由 Observable 的機制來完成，另外一條是從 View 一路傳到 Repository 的便利貼位置更新資料流，這邊是由函式呼叫來完成。

但其實第二條資料流還有另外一種實作方式，那就是一樣使用 Observable 一路傳回去！

```
1.  class BoardViewModel(
2.      private val noteMoveObservable: Observable<Pair<String, Position>>,
3.      private val noteRepository: NoteRepository
4.  ): ViewModel() {
5.
6.      private val disposableBag = CompositeDisposable()
7.
8.      val allNotes: Observable<List<Note>> = noteRepository.getAllNotes()
9.
10.     init {
11.         noteMoveObservable
12.             .withLatestFrom(allNotes) { (noteId, positionDelta),
    notes ->
```

```
13.              val currentNote = notes.find { note -> note.id
    == noteId }
14.              Optional.ofNullable(currentNote?.copy(position =
    currentNote.position + positionDelta))
15.          }
16.          .mapOptional { it }
17.          .subscribe { note ->
18.              noteRepository.putNote(note)
19.          }
20.          .addTo(disposableBag)
21.      }
```

在這個版本的程式碼中，建構子多了一個參數：noteMoveObservable，其實這邊跟函式呼叫是做一模一樣的事情，只是傳送事件的方式改了！這邊還有另外一件有趣的事：其中的商業邏輯，也就是從第 12 行到第 20 行這部分的程式碼，跟一開始的實作幾乎一樣，不一樣的只有來源的 Observable 改了。

其實會有這樣的結果是因為這種實作方式比較貼近響應式程式設計的風格，所以當傳遞事件的方式改成 Observable 時，**BoardViewModel** 的程式碼幾乎不用做什麼太大的變動，換句話說，我們正在使用響應式程式設計的範式（Reactive programming paradiam）。

當然即使傳進來的是 Observable，實作方面也可以不用這麼的「響應式」，但是你很快就會發現為了要完成「非響應式」（也就是指令式）實作，**allNotes** 需要在 **BoardViewModel** 呼叫 subscribe 綁定，**noteMoveObservable** 也要呼叫 subscribe 綁定，那這兩個綁定的區塊中哪個需要加上更新便利貼位置的商業邏輯呢？最後會發現這樣的實作方式其實也沒有比較輕鬆，尤其是之後商業邏輯越來越複雜的時候，將兩種不同的程式設計範式混合在一起會非常難以管理。

響應式與指令式的選擇

響應式程式設計沒有優於指令式，相對的，指令式也沒有比響應式更好。他們兩個的差別就只是用不同的思維去解決問題，依大部分人的學習經歷來說，指令式是相對直覺的，使用響應式來解決問題是比較痛苦的。

但仔細想想，像 MVVM 使用資料綁定的形式不就是偏向於響應式程式設計嗎？更何況以便利貼應用程式的特性來說，頻繁的更新顯示狀態是可以預見的，所以這時候在 ViewModel 使用響應式風格會是個合理的選擇，現在採用指令式風格的寫法的話，未來有可能會因為邏輯越來越複雜而越難維護，甚至有可能因此整個打掉重練。

4.3　同步雲端資料

到目前為止都是在本地端處理商業邏輯以及更新資料，實際運作起來也沒有什麼效能問題，但是你有發現嗎？現在所有操作都是在主執行緒上執行的！依過往的經驗告訴我們，這樣是有問題的！最起碼資料的儲存以及讀取應該要發生在背景執行緒上，不然會有 ANR（註 4-1）的問題，現在沒有這問題就只是因為儲存的地方還只是記憶體，沒有任何 I/O 操作。

如果要將資料上到雲端的話，也就是接下來要介紹的 Firebase Firestore，就會面臨到執行緒切換的問題。原本的 **inMemoryNoteRepository** 也將會被 Firestore 的實作給取代，根據 SOLID 的里氏替代原則，在抽換實作時，不應該影響原有的行為，所以 **BoardViewModel** 也與 View 層的所有程式碼都不會因為抽換實作而需要修改內容，這是非常重要的一件事。如果今天只是因為換了 Repository 的實作而讓 BoardViewModel 的運作機制變了，那就表示設計上是有問題的，職責不夠專一，可能就要考慮先重構，等到行為確定不會有問題時再換實作。

註 4-1　ANR（Android not responding）

為了讓應用程式能順暢的運行，主執行緒必須儘可能保持著空閒的狀態，才能夠及時接收點擊事件還有繪製畫面，如果讓主執行緒一直處於忙碌狀態的話，Android 系統會拋出 ANR 事件並且強制停止應用程式。

Firebase FireStore 介紹

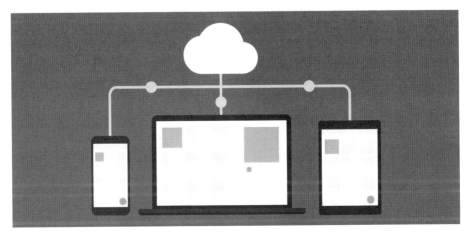

圖 4-6　本圖擷取自官方 Firestore 介紹

Firebase FireStore 非常適合用在便利貼專案上，如圖 4-6 所示，FireStore 是一個同步數據用的雲端服務，在任何一個用戶端更新數據時，另一個用戶端也會獲得即時更新，以下列出幾個對於便利貼應用程式來說非常有用的特性：

■ **靈活的數據結構**：不像關連式資料庫，該資料庫的結構非常單純，有表達多個文件概念的**集合**（Collection），以及組合概念的**文件**（Document），還有最小單元的**資料欄位**（Data）。這種結構有一個很方便的地方，如果我們要臨時增加新的資料格式的話，其實就只要在**文件**中增加新的**資料**就好，也不需要做資料庫遷移（DB migration）。但它也有一個致命的缺點，因為加入新資料實在是太容易了，所以資料庫很有可能不小心被改壞。

■ **自動同步**：同步資料一直是一個非常困難的問題，不同的客戶端之間有不一致的資料時，通常需要花不少時間設計資料同步機制。使用 Firestore 內建的同步機制，讓我們可以花更多心力在開發應用程式的功能性需求。

■ **離線支持**：這也是一個非常棒的功能，為了能夠支援離線功能，很多應用程式的基礎架構都包含了網路元件跟資料庫元件，這些資料的整合通常是很無聊又繁瑣，Firestore 預設就支援離線讓我們不需要自己再實作本地端的資料庫。

如果想要了解更多特性與細節，請參考 Firestore 官方文件：
https://firebase.google.com/docs/firestore

導入 Firebase FireStore

因為技術更新速度飛快，有可能在本書寫完的一兩年內就換了 Firebaes 設定方式，所以相關導入流程就不附上了，而且 Firebaes 官方設計的導覽流程非常容易上手，應該是不難設定才對。

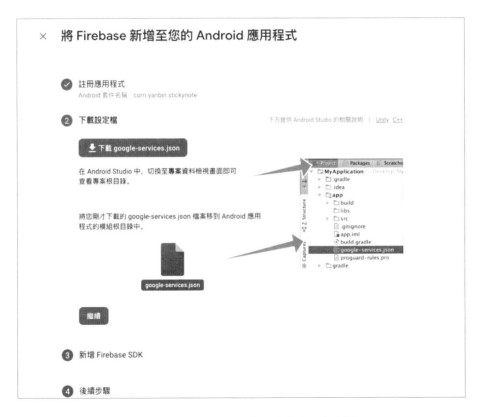

圖 4-7　官網上簡單又直覺的導覽設定流程

FireStore 中的數據結構

在便利貼應用程式中要放到 FireStore 中的資料是什麼呢？當然就是我們之前放在 Repository 中的便利貼資料了，資料結構如下圖所示：

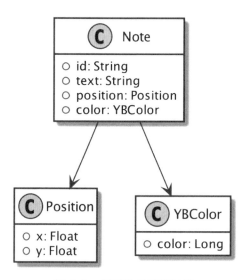

圖 4-8　便利貼的資料結構

接下來就是要把這邊的資料對應到 FireStore 的儲存格式，由於 FireStore 是一個 NoSQL 的資料庫，在設計上可以非常貼近我們很熟悉的 Json 格式。請看下圖 4-9：在這裡使用了集合來儲存便利貼列表（左邊的 Notes），並且用文件來代表單一個便利貼的資料內容，而且 FireStore 的文件本身就已經帶了 ID，所以不需要再有一個額外的欄位去代表 ID。

圖 4-9　便利貼的在 FireStore 上的結構

在資料層級上也有做了一些小調整，在原本的 **Note** 模型中有兩個階層，第一層是 **Note**，第二層是 **Position** 與 **YBColor**，但由於資料欄位的數量不多而且相對單純，所以在 FireStore 上我選擇了比較扁平的結構，把資料層級減少為一層就好。至於這些欄位的資料型別，請看下表 4-1。

欄位	型別
Color	number
positionX	number
positionY	number
Text	string

表 4-1

實作 FirebaseNoteRepository

以上都準備好了之後，就可以開始實作 Firebase 版本的 **NoteRepository** 了，由於我們之前已經讓 **BoardViewModel** 依賴於 **NoteRepository** 這個 interface，有好好遵守 SOLID 的依賴反轉原則，不管是高層模組還是低層模組都依賴於抽象，讓依賴結構解耦，所以我們可以很簡單的新增一個繼承自 **NoteRepository** 的類別：**FirebaseNoteRepository**。

```
1. class FirebaseNoteRepository(): NoteRepository {
2.     override fun getAll(): Observable<List<Note>> {
3.         TODO("Not yet implemented")
4.     }
5.
6.     override fun putNote(note: Note) {
7.         TODO("Not yet implemented")
8.     }
9. }
```

首先第一步是要知道如何使用 FireStore 的服務，其實也非常簡單，Firebase SDK 提供了 **FirebaseFirestore.getInstance()** 來獲取 FirebaseFireStore 的實體。看到這關鍵字應該不難猜到這個函式提供的是一個 Singleton，所以不需要再額外自己寫一個 Singleton 來包裝它。

接下來我們來看看要如何查詢 FireStore 上的資料：

```
1. private val query = firestore.collection("Notes")
2.         .limit(100)
```

Firestore 是使用類似 builder 模式《GoF 設計模式》的方式來組合出查詢，以上述的查詢為例，我們指定了要查詢 **Notes** 這個**集合**，而且數量限制 100 筆，組合出查詢之後，接著就是使用該查詢來獲取資料：

```
1. query.addSnapshotListener { result, e ->
2.     result?.let { onSnapshotUpdated(it) }
3. }
```

addSnapshotListener 可以讓我們隨時都收到最新的資訊，只要有新的更新，這個 Listener 就會再呼叫一次。其中所有更新的資訊都在 **result** 裡面，如果發生錯誤，**result** 就會是空值，錯誤的內容將會在 **e** 得知。現在我們可以先不管錯誤，只拿結果就好。

拿到 **result** 之後，接下來就要處理轉換資料了。Firestore 轉換資料有兩種方式，第一個是使用反射幫你轉換成 Model，這機制跟 Gson（註 4-2）是一樣的，第二個是自己寫轉換資料的邏輯，可以想像成是自己使用 JsonObject 跟 JsonArray 來做反序列化。

註 4-2 Gson

Gson 是一個很常使用於 JSON 資料轉換的函式庫，其特點是只要定義好了模型，而且這模型的格式跟 JSON 是可以一對一互相對映的，Gson 就可以使用反射的機制幫我們產生資料模型，專案也可以因此大大減少寫樣板程式碼（Boilerplate code）所花的時間。

最後我選擇了後者，自己寫轉換資料格式的邏輯，原因如下：

- 原有的 **Note** 模型中，資料無法與 Firestore 的欄位一一對應，所以如果選擇用反射的方式的話，就還要另外設計一個新的模型用來做資料轉換。

- 有了新的模型之後，為了要使用其中的資料，我必須要寫資料轉換的邏輯才能轉成 **Note**，這樣算下來，開發的時間反而還變長了。

- 效能考量，選擇方案一的話，反射本身的效能就比較差了，而且還要多出額外的記憶體空間來儲存這些中間轉換的物件，對於一個需要快速反應的 App 來說，方案一實在是很不划算。

下面程式碼是方案二的實作：

```
1.  private fun onSnapshotUpdated(snapshot: QuerySnapshot) {
2.      val allNotes = snapshot
3.          .map { document -> documentToNotes(document) }
4.
5.      // 接下來會使用 allNote 來發送新事件
6.  }
7.
8.  private fun documentToNotes(document: QueryDocumentSnapshot): Note {
9.      val data: Map<String, Any> = document.data // data 中儲存了所
                                                    有在文件中的資料
10.     // 每個欄位強轉型為對應的型別即可
11.     val text = data[FIELD_TEXT] as String
12.     val color = YBColor(data[FIELD_COLOR] as Long)
13.     val positionX = data[FIELD_POSITION_X] as Double? ?: 0f
14.     val positionY = data[FIELD_POSITION_Y] as Double? ?: 0f
```

```
15.     val position = Position(positionX.toFloat(), positionY.toFloat())
16.     return Note(document.id, text, position, color)
17. }
```

　　查詢資料完成了之後就只剩下建立以及修改資料了，這部分也非常
簡單，只要將每個欄位都儲存到 Map 結構中，再呼叫 **set** 即可，而且
很方便的是，如果該 id 不存在，Firestore 就會自動幫我們建立一個新的
文件：

```
1. private fun setNoteDocument(note: Note) {
2.     val noteData = hashMapOf(
3.         FIELD_TEXT to note.text,
4.         FIELD_COLOR to note.color.color,
5.         FIELD_POSITION_X to note.position.x,
6.         FIELD_POSITION_Y to note.position.y
7.     )
8.
9.     firestore.collection(COLLECTION_NOTES)
10.         .document(note.id)
11.         .set(noteData)
12. }
```

　　大部分的實作已經完成了，其餘的部分只剩下與 RxJava 的整合，
這裡使用的是 **BehaviorSubject** 來接收以及發送資料，以下是完整的程
式碼：

```
1. class FirebaseNoteRepository: NoteRepository {
2.     private val firestore = FirebaseFirestore.getInstance()
3.     private val notesSubject = BehaviorSubject.createDefault(emp
       tyList<Note>())
```

```
4.
5.     private val query = firestore.collection(COLLECTION_NOTES)
6.         .limit(100)
7.
8.     init {
9.         query.addSnapshotListener { result, e ->
10.            result?.let { onSnapshotUpdated(it) }
11.        }
12.    }
13.
14.    override fun getAllNotes(): Observable<List<Note>> {
15.        return notesSubject.hide()
16.    }
17.
18.    override fun putNote(note: Note) {
19.        setNoteDocument(note)
20.    }
21.
22.    private fun onSnapshotUpdated(snapshot: QuerySnapshot) {
23.        val allNotes = snapshot
24.            .map { document -> documentToNotes(document) }
25.
26.        notesSubject.onNext(allNotes)
27.    }
28.
29.    private fun setNoteDocument(note: Note) {
30.        val noteData = hashMapOf(
31.            FIELD_TEXT to note.text,
32.            FIELD_COLOR to note.color.color,
33.            FIELD_POSITION_X to note.position.x,
34.            FIELD_POSITION_Y to note.position.y
35.        )
36.
```

```
37.        firestore.collection(COLLECTION_NOTES)
38.            .document(note.id)
39.            .set(noteData)
40.    }
41.
42.    private fun documentToNotes(document: QueryDocumentSnapshot): Note {
43.        val data: Map<String, Any> = document.data
44.        val text = data[FIELD_TEXT] as String
45.        val color = YBColor(data[FIELD_COLOR] as Long)
46.        val positionX = data[FIELD_POSITION_X] as Double? ?: 0f
47.        val positionY = data[FIELD_POSITION_Y] as Double? ?: 0f
48.        val position = Position(positionX.toFloat(), positionY.
           toFloat())
49.        return Note(document.id, text, position, color)
50.    }
51.
52.    companion object {
53.        const val COLLECTION_NOTES = "Notes"
54.        const val FIELD_TEXT = "text"
55.        const val FIELD_COLOR = "color"
56.        const val FIELD_POSITION_X = "positionX"
57.        const val FIELD_POSITION_Y = "positionY"
58.    }
59. }
```

　　編譯、執行過後會發現便利貼無法正常移動了，這是發生了什麼事呢？仔細觀察一下，會發現便利貼的位置的確有在移動，但是移動的幅度太小，而且反應速度過慢。

遇到了 Bug 該怎麼辦？

相信大部分正在看本書的讀者的工作日常會碰到很多大大小小的問題，有些看起來很好解，但是過了幾天卻發現這個簡單的解造成了更嚴重的問題；有些看起來很難解，但是靜下心來分析之後搞不好會發現只要一行程式碼就可以搞定。

依筆者的過去經驗，越是草率，不經系統化思考而弄出來的解答（最簡單的例子就是原封不動照搬 StackOverflow 的程式碼），後續所花的時間反而越長，因為經過程式碼審查、解衝突、發版本測試、上架，這些步驟都需要花上不小的人力成本，越後面發現問題，所付出的成本越高！

所以該用怎樣的態度去處理問題呢？筆者其實有發展出一套屬於自己的方法論，具體來說有點像是一套 SOP，也許不是很嚴謹，但還是可以分享出來給大家參考：

1. **定位問題**：我能夠穩定的重現問題嗎？重開應用程式是否還能重現？換了另外一個裝置又如何呢？是不是有一些前置條件符合才能重現問題呢？

2. **描述問題**：如果要將這問題描述給專案經理或是其他同事聽，你會怎麼描述？最好是能夠用文字精確的紀錄下來，如果你發現做不太到，那很有可能你還沒找到真正的問題。

3. **研究以及實驗**：你有可能沒有完全了解某個 API 的運作機制或是背後的理論基礎，導致寫的程式沒有依照預期中的運行。這時候你可以花點時間查看相關文件，有了一些觀念後，通常這時候我會開啟一個新專案或是使用單元測試來做一些實驗，以確保我的理解是正確的。

4.　**使用紙跟筆進行抽象思考**：這一個步驟不一定是需要的，但有時候要解決的問題有可能涵蓋了架構中的不同層面，這時候就非常需要流程圖或是類別圖來做輔助，確保現在的解法的確有徹底的解決該問題，而且放在最適合的位置。這時候也有可能對系統架構或領域知識產生新的想法，而這些新的想法會大大的影響著系統設計的走向。

5.　**實作**：順利的話，這個步驟應該花的時間會是最少的，但還是有可能發現了更多問題，這時候可以再回到第二步重新走一次這段流程，直到完全解完問題為止。

　　根據經驗以及問題的不同，有可能這 1-5 步驟花的時間小至幾分鐘，大至好幾天。有興趣深入研究相關主題的讀者可以找找「**Problem Solving**」這個關鍵字，事實上在市面上也有幾本書在談論這主題，這些書涵蓋的層面比我剛剛說的還要多很多，另外 Problem Solving 同時也是很多外商公司重視的能力之一，培養起來絕對是好處多多！

作者小故事

筆者之前有碰到一個極為棘手的問題，公司的 App 被判斷成是含有木馬程式的應用程式，完全不知道該問題是出自於哪一行程式碼，連第一步準確定位問題就沒辦法做到了。不過好險我們有版本控管，我嘗試將專案的程式碼回到幾個版本前，看看會不會有一樣的問題發生，如果沒有的話，就代表問題再更早之前就有了，但是要怎樣找才是最有效率地找法呢？總不可能每個 commit 都嘗試著建置然後做病毒掃描，太浪費時間了，於是乎二分搜尋法這時就派上用場了，每次一半一半的找，其搜尋速率大增，最後才發現是某一個第三方函式庫害我們被當作是木馬病毒！

4.4 雲端即時互動

不知道大家有沒有手沖咖啡的經驗？如果沒有的話，應該也看過或用過濾掛式咖啡，在沖咖啡時，水不能一次倒太多，因為濾網的消化速度沒這麼快，要是你不管它的消化速度一直倒水進去的話，最後就會滿出來！

上面這個手沖咖啡的例子也會發生在響應式程式設計上面，響應式程式設計的其中一個大特點是，事件流可以在不同的階段中切換執行緒，所以萬一上游的事件發出太多，下游在另外一個執行緒無法即時處理時會發生什麼事呢？依剛剛咖啡的例子來說，水最後滿出來了；那手機應用程式會怎樣呢？當然是會發生 **OutOfMemoryException**（註 4-3）並且閃退！

註 4-3 OutOfMemoryException

當應用程式記憶體空間不足時，Android 會強制拋出 OutOfMemoryException。另外有些人會把 Memory Leak 跟 Out of Memory 之間的關係搞混，Memory Leak 並不代表系統一定會拋出 OutOfMemoryException，反過來說，發現了 OutOfMemoryException 也不一定代表是 Memory Leak 造成的。

對於下游來不及處理事件流的問題，其實在響應式程式設計中有一個標準的解決方式，那就是背壓（Backpressure）。為了方便起見，在之後的篇幅都會以 Backpressure 來稱呼它。

作者小故事

在好幾年前對於響應式程式設計還很不熟的時候，那時候正在開發一個相機應用程式，具體的內容有點忘了，但裡面有一個主要的功能是要將鏡頭捕捉到的內容變成一張張的靜態圖片，然後做一些影像處理，當有一個新的靜態圖片產生時，就會使用設計好的回呼函式傳送到另一個元件再進行影像處理。但是程式運行不久後發現應用程式越來越卡頓，後來還直接閃退！之後找了錯誤訊息來看，原來是發生了 OutOfMemoryException，才發現是因為靜態圖片產生的太快了，影像處理的元件根本還來不及操作，於是還沒處理的靜態圖片越堆越多，最終導致記憶體不足。

過了一陣子之後，學習了 RxJava，才發現這問題就跟響應式程式設計的 Backpressure 是相通的！搞不好當時可以用 RxJava 解決這問題。但…後來又發現我誤解了 RxJava 的 Backpressure 機制。而這又是另一個故事了…

網路延遲

讓我們回到問題本身，請看下圖 4-10：

圖 4-10　Firebase 的時間延遲

當 FirebaseNoteRepository 要更新資料到 Firebase 時，是有一點網路延遲的，假設每發出一個資料更新的需求都需要 100 毫秒好了，等到 Firebase 處理完畢，再經由網路更新回手機時，可能是 200 毫秒又過去了，所以光是一個位置更新到雲端事件就要花 300 毫秒才能得到最新的值。另一方面，手勢事件每更新一次可能只花了 30 毫秒，所以這樣的的差距就會導致明明手指都已經移動到了很遠的位置，但是實際上只看到便利貼移動了一點點，更慘的是，在這個時間點移動的話，用來更新的基準已經是幾秒前應該在的位置去做位移，因此手指跟實際上便利貼的位置會越來越不一致。

最後就造成了上一章的現象，發出的請求越來越多，但是回應卻無法跟上這更新頻率。既然頻率不同，那如果運用 Backpressure 的操作子，將手勢更新頻率降低，會不會有幫助呢？但是這樣做的話，使用者就沒辦法有順暢的便利貼拖曳體驗（畢竟至少 300 毫秒之後才會看到拖曳之後的結果）。所以手勢更新頻率跟畫面更新頻率基本上一定要同步。另一方面，由於這是一個共編應用程式，我們也要讓另外一個使用者看到我們的更新，但是這邊有一個重點：另外一邊的使用者不需要看到這麼即時的畫面更新，稍微延遲是可以接受的。

其實發現到了這點之後，我們也可以選擇拋棄 FireStore，採用其他的技術解決方案，但是現在我們先假設不同使用者之間的網路延遲並不是一定要解決的問題，就算有一點點延遲，使用者還是可以接受的。

目前看起來光靠 Backpressure 的概念無法解決現在碰到的問題。其實在響應式程式設計中還有一個叫做 Multicasting 的概念。Multicasting

指的是一對多傳送事件，也就是說我們也可以選擇將資料更新事件分成兩邊，一邊給 Firebase，另一邊給本地端，這樣一來，我們的問題不就解決了嗎？

程式碼實作 - 事件分流

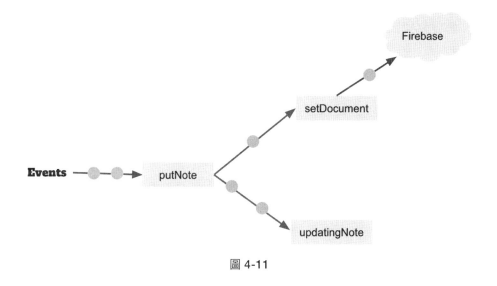

圖 4-11

請看圖 4-11，當事件流從 ViewModel 傳到 Repository 時，是藉由呼叫 **putNote** 來更新的，在 **FirebaseNoteRepository** 的實作中，原本將所有的事件一個不漏的使用 **setDocument** 去更新資料到 Firebase，但是在這邊將更新事件的頻率降低了。如此一來，一方面可以節省網路流量，另一方面也可以避免事件發送的太密集而導致網路塞車，無法將最正確的資訊即時更新上去，這是上面箭頭的部分。接下來看到下方箭頭，這邊的事件數量會跟外面輸入的數量是一樣的，我們將用它來更新本地端的資料。

```
1.  private val updatingNoteSubject = BehaviorSubject.createDefault
    (Optional.empty<Note>())
2.
3.  override fun putNote(note: Note) {
4.      updatingNoteSubject.onNext(Optional.of(note))
5.  }
```

Subject 可以很簡單的實現 Multicasting，任何與它綁定的 Observable
都會接收到最新的事件，但是這邊我還另外包了一層 **Optional**，這是為
了解決之後的另一個問題，待會會看到。

```
1.  init {
2.      updatingNoteSubject
3.          .throttleLast(1, TimeUnit.SECONDS)
4.          .toIO()
5.          .subscribe { optNote ->
6.              optNote.ifPresent { setNoteDocument(it) }
7.          }
8.  }
9.
10. private fun setNoteDocument(note: Note) {
11.     val noteData = hashMapOf(
12.         FIELD_TEXT to note.text,
13.         FIELD_COLOR to note.color.color,
14.         FIELD_POSITION_X to note.position.x.toString(),
15.         FIELD_POSITION_Y to note.position.y.toString()
16.     )
17.
18.     firestore.collection(COLLECTION_NOTES)
19.         .document(note.id)
20.         .set(noteData)
21. }
```

上傳到 Firebase 的部分，新增了一個 **throttleLast** 操作符，使用 **throttleLast**，事件的數量就減少為每 1 秒（註 4-4）才有一個，並且將 1 秒內的最後一個事件，使用 **setNoteDocument** 來覆寫資料。

> 註 4-4 FireStore 的寫入資料頻率
>
> 根據官方文件的建議，同一個文件的寫入不應該在一秒內超過一次，不然會造成高延遲、連線逾時或是其它錯誤。

程式碼實作 - 事件匯集

雖然說我們把資料分流了，但是對於 **BoardViewModel** 來說，它認識的只有 **NoteRepository** 的 **getAllNotes()**，所關注的不只有現在正在移動中的便利貼，還有其他使用者正在進行的操作，所以我們還是要將資料整合起來，給 **BoardViewModel** 當作唯一的資料來源，在 **NoteRepository** 的實作中所做的任何事情 **BoardViewModel** 一律都不需要關心。

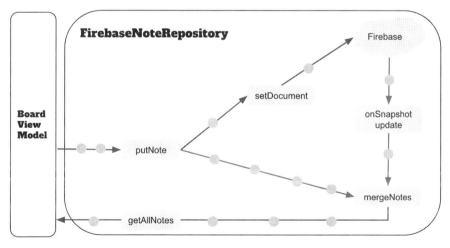

圖 4-12

　　Firebase 在更新完資料後，會藉由 **SnapshotListener** 來通知最新的結果，這邊的結果包含了其他使用者所做的任何操作，像是改變顏色、改變其他便利貼的位置等等。另外一方面，本地端的也有不同資料的更新，兩邊的任何事件都不能有遺漏，如圖 4-12 所示，事件最終會匯集在一起。所以這時候就有一個很適合這種情況的操作符就要登場了，它就是 **combineLatest()**。

```
1.  override fun getAllNotes(): Observable<List<Note>> {
2.      return Observables.combineLatest(updatingNoteSubject,
    allNotesSubject)
3.        .map { (optNote, allNotes) ->
4.            optNote.map { note ->
5.                val noteIndex = allNotes.indexOfFirst { it.id == note.id }
6.                allNotes.subList(0, noteIndex) + note +
    allNotes.subList(noteIndex + 1, allNotes.size)
7.            }.orElseGet { allNotes }
8.        }
9.  }
```

　　匯集這兩個地方的資料的時候，會有一種資料不一致的情況：就是正在移動中的便利貼，跟從 Firebase 上面的便利貼，在同一個 id 的情況下他們的位置一定是不一樣的，那這時候要選哪一個呢？答案很明顯的當然是要選擇本地的那一份資料，不然 **BoardViewModel** 拿到的就是過去的資料而無法即時移動便利貼了，所以上面的程式碼大致上就是在做這一件事。

　　但是還有一個問題，萬一我已經完成編輯有一段時間了，其他使用者想要移動我上次編輯過的便利貼，會因為這個機制而無法即時看到更新，因為 updatingNoteSubject 自從上次更新完位置後就沒有改變過資料內容了，現在的這套機制永遠會以本地端暫存的內容為優先，就算使用者已經沒有要編輯它了也一樣。

　　為了解決這個問題，我設計了一個機制，當使用者有一段時間沒有編輯了，就將 **updatingNoteSubject** 中的內容給清空，如此一來，就可以順利的解決上述的問題了：

```
1.  init {
2.      updatingNoteSubject
3.          .filter { it.isPresent }
4.          // 300 毫秒內一直有新事件的話就不會發給下游，直到沒新事件時才會發
    送最後一個收到的事件
5.          .debounce(300, TimeUnit.MILLISECONDS)
6.          .subscribe {
7.              updatingNoteSubject.onNext(Optional.empty<Note>())
8.          }
9.  }
```

　　上述的說明解釋了我為什麼在 **updatingNoteSubject** 使用 Optional。改完了程式碼之後，再重新建置運行在手機上，就會發現之前的問題已經解決了！

4.5　小結

　　本章最後的修改包含了大量的響應式程式設計的知識基礎,但是全部都是在 Repository 中做修改,BoardViewModel 一行程式碼都沒有碰到!既然 BoardViewModel 現在也是響應式的風格的話,那我們是否也可以在 BoardViewModel 做一部分的修改呢?的確,如果我們將事件分流機制放在 BoardViewModel 中做的話,讓 FirebaseNoteRepository 只處理 Firebase 相關 API 的串接,最終也是可以得到一個正常運行的便利貼應用程式。但是這樣一來,BoardViewModel 的程式碼就會混雜了「網路延遲」相關的概念以及解法,變得不是純粹的商業邏輯元件,而且,現在也無法任意替換 FirebaseNoteRepository 成 InMemoryNoteRepository 了,因為 BoardViewModel 中的某些程式碼是為了服務 FirebaseNoteRepository 而存在,這明顯違反了里氏替換原則。

延伸閱讀

4-1　Jetpack Compose Gestures: https://developer.android.com/
jetpack/compose/gestures

第二部

MVVM 架構模式能夠幫我們分離出畫面與商業邏輯之間的耦合關係，然而除此之外，我們還是有許多大大小小的問題是 MVVM 沒有談論到的，例如該怎麼確保資料的一致性，頁面跟頁面之間該怎麼傳遞資料，套件結構的設計等等。

在第二部中，我們將一起探討這些在一般專案中都會碰到的狀況，其背後的模式以及解決方案。

05

Chapter

架構中的 UI 狀態管理

對於 UI 狀態在一個架構中的定位，在某些架構模式中完全沒提到，像是 MVP 或是 MVVM 就比較專注在分層，其他比較近期的架構模式像是 MVI 雖然有提到 UI 狀態管理，但也不是完全沒有缺點的，在本章中我將會以便利貼專案為範例來說明其中的取捨。

本章重點

▶ 資料傳遞的方向一率是從後端傳到前端，使用前端的暫存資料很容易會產生問題。

▶ UI 狀態聚合的最小單位依狀況而定，不一定是每個頁面剛好有一個，但也不應該太零碎。

Chapter 05 - 08 程式碼連結：
https://github.com/hungyanbin/ReactiveStickyNote/tree/Book_part_2

5.1 便利貼的新功能

在第二部中，我們所要新增的新功能是：改變顏色、刪除、新增、改變文字內容。其中新增是最簡單的，只要加一個按鈕即可，使用者便可以很直覺的按下這個按鈕，最後看到新的便利貼出現在螢幕上。但是刪除功能對於使用者來說，必須先選擇要刪除的便利貼是哪一個，才可以進行刪除，而且對於改變顏色、改變文字內容也是一樣，所以看來我們得要有一個新的概念出現在便利貼中了：那就是選擇狀態。

除了選擇狀態，還要有選擇狀態觸發之後的行動（刪除、更改顏色等等），所以我們還要有一個選單來給使用者做操作，然後在沒有選擇狀態時，使用者才可以新增便利貼，於是我們可以依照以上這幾點來寫一個粗略的規格出來：

- 剛進入 App 時，畫面上會有一個新增按鈕，點擊之後可以新增一個便利貼。

- 點擊便利貼時，會進入選擇狀態。
  - 進入選擇狀態時，新增按鈕會隱藏起來，並出現選單
  - 再次點擊同一個便利貼時，會取消選擇狀態
  - 點擊其他便利貼時，會切換選擇目標
  - 點擊空白區域時，會取消選擇狀態

- 選單中有選擇刪除、更改文字或是更改顏色按鈕。

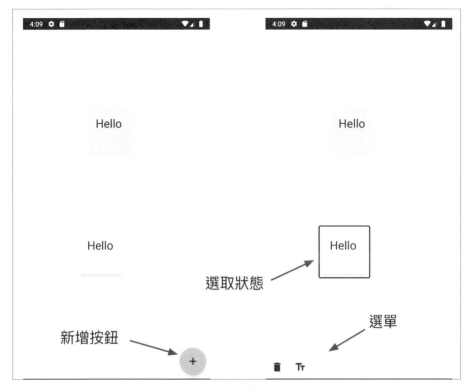

圖 5-1　新功能示意圖

接下來我們就依據這些需求去設計 ViewModel 吧！

新的 ViewModel 設計

```
1.  class EditorViewModel(
2.      private val noteRepository: NoteRepository
3.  ): ViewModel() {
4.
5.      val allNotes: Observable<List<Note>> = noteRepository.getAllNotes()
6.      val selectingNote: Observable<Optional<Note>> = TODO()
7.
```

```
8.    fun moveNote(noteId: String, positionDelta: Position) { ... }
                                    // 這邊的實作一樣
9.    fun tapNote(note: Note) { TODO() }
10.   fun tapCanvas() { TODO() }
11.   fun addNewNote() { TODO() }
12.
13. }
```

上面的設計應該能夠解決選擇狀態的問題，以下依序解釋：

1. 第 1 行這邊我重新命名了 **BoardViewModel**，將它改為 **EditorViewModel**，因為現在比較像是一個編輯器在做的事了，有選擇狀態，之後也會把改變顏色、刪除、新增便利貼等等也放到這個 ViewModel。

2. 第 6 行新增了一個 **selectingNote**，因為 View 需要知道選擇中的便利貼是哪一個，同時這狀態也是一個 Observable，如此一來就算是切換選擇目標，或是取消該選擇，View 就可以馬上做相對應的動作。

3. 第 9 行是點擊便利貼的函式，會影響到選擇狀態。

4. 第 10 行是點擊空白處的公開函式，會取消選擇狀態。

5. 第 11 行是新增便利貼，至於其他比較跟選單有關的功能像是刪除便利貼或是修改文字會在之後章節再實作。

看完了函式的設計與需求後，應該不難發現選擇狀態的實作其實也很簡單，只要用 **BehaviorSubject** 就可以搞定：

```
1. private val selectingNoteSubject = BehaviorSubject.create<Optional
   <Note>>()
2. val selectingNote: Observable<Optional<Note>> =
   selectingNoteSubject.hide()
```

```
3.
4.  fun tapNote(note: Note) {
5.      selectingNoteSubject.onNext(Optional.of(note))
6.  }
7.
8.  fun tapCanvas() {
9.      selectingNoteSubject.onNext(Optional.empty())
10. }
```

　　至於建立新便利貼的功能，我們會產生一個隨機的便利貼資料，再呼叫 **noteRepository.createNote** 就可以了，因為我們有綁定從 Repository 來的資料，所以這個新的便利貼會自動使用目前的機制顯示在螢幕上。

```
1.  fun addNewNote() {
2.      val newNote = Note.createRandomNote()
3.      noteRepository.createNote(newNote)
4.  }
```

Repository 實作

　　由於 **FirebaseNoteRepository** 在 CRUD（註 5-1）相關的實作相對單純而且與架構設計比較無關，所以本章接下來都會跳過。有興趣了解的讀者可以自行到 github 詳閱（延伸閱讀 5-1）。

註 5-1　CRUD

資料庫四種不同操作類型的縮寫，分別代表新增（Create）、讀取 (Read)、更新 (Update)、刪除 (Delete)。

View 實作

再幫大家複習一下之前 BoardView：由於 BoardViewModel 被當作參數放進來，便利貼資料就可以因此跟 ViewModel 做資料綁定：

```
1.  fun BoardView(boardViewModel: BoardViewModel) {
2.      ....
3.  }
```

但是現在要新增一個按鈕以及便利貼的選單，既有的 UI 已經不符合需求了，需要做相對應的修改，為了讓 BoardView 維持職責單一並且名符其實，選單的部分就不會放到這裡面了，而是會將他們放到一個新的 Composable function：EditorScreen，再加上之前的 BoardViewModel 已經重新命名為 EditorViewModel，所以 EditorScreen 將會直接對應 EditorViewModel，而 BoardView 會改成不會有任何 ViewModel 的依賴。他們的關係如下圖 5-2 所示：

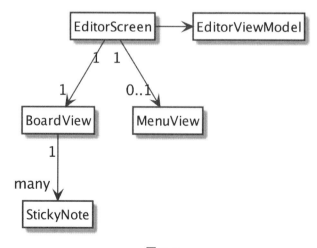

圖 5-2

首先來看看 **BoardView** 改變之後參數的比較：

```
1.  // 改變前
2.  @Composable
3.  fun BoardView(boardViewModel: BoardViewModel) { … }
4.
5.  // 改變後
6.  @Composable
7.  fun BoardView(
8.      notes: List<Note>,
9.      selectedNote: Optional<Note>,
10.     updateNotePosition: (String, Position) -> Unit,
11.     onNoteClicked: (Note) -> Unit
12. ) { … }
```

現在 **BoardView** 需要將各個參數分開傳進來，同時也因為如此 **BoardView** 從 Stateful 變成 Stateless 了。其實這時候我們可以反思一下，為什麼這邊不直接將 ViewModel 傳進來呢？那一種選項比較好呢？下面來分析一下：

■ **Stateful**：也就是使用 **EditorViewModel** 當作唯一的參數傳進來，如果是以多層式結構上來看，這樣的相依是沒問題的，ViewModel 還是不知道 View 的存在，但是以領域知識面上來看，是有點奇怪的，以抽象意義上來說，Editor 可以用來控制 Board，但是 **BoardView** 卻在這邊可以直接操作 **EditorViewModel**，這關係看起來是有點反過來了。

■ **Stateless**：這解法看起來是沒什麼大問題，但是萬一要傳入的參數越來越多時，可能就會有一些效能或可讀性的問題，會有效能問題是因為只要有任何一個參數在短時間內有很頻繁的更動的話（例如像是動畫），在 **BoardView** 底下所有的 UI 元件有可能會因此全部重新渲染。如果要解決這問題的話，也不是做不到，但就要對 Jetpack Compose 的渲染機制要有一定程度的了解才行。

綜合以上考量，Stateless 對我來說還是一個比較好的選項，效能問題還可以慢慢解決，但是奇怪的相依關係一旦習慣了，之後可能會放更多不屬於某個類別職責的變數進去，造成後續維護上的問題。以下是 **BoardView** 的完整程式碼，實作細節就不多加說明了：

```
1.  @Composable
2.  fun BoardView(
3.      notes: List<Note>,
4.      selectedNote: Optional<Note>,
5.      updateNotePosition: (String, Position) -> Unit,
6.      onNoteClicked: (Note) -> Unit
7.  ) {
8.      Box(Modifier.fillMaxSize()) {
9.          notes.forEach { note ->
10.             val onNotePositionChanged: (Position) -> Unit = { delta ->
11.                 updateNotePosition(note.id, delta)
12.             }
13.
14.             val selected = selectedNote.filter { it.id == note.id }.isPresent
15.
16.             StickyNote(
```

```
17.              modifier = Modifier.align(Alignment.Center),
18.              note = note,
19.              selected = selected,
20.              onPositionChanged = onNotePositionChanged,
21.              onClick = onNoteClicked
22.          )
23.      }
24.  }
25. }
```

接下來是 **StickyNote** 的程式碼實作：

```
1.  @Composable
2.  fun StickyNote(
3.      modifier: Modifier = Modifier,
4.      onPositionChanged: (Position) -> Unit = {},
5.      onClick: (Note) -> Unit,
6.      note: Note,
7.      selected: Boolean,
8.  ) {
9.      ...
10.     Surface(
11.         modifier.offset { offset }
12.             .size(108.dp, 108.dp)
13.             .highlightBorder(selected),
14.         ...
15.     ) {
16.         Column(modifier = Modifier
17.             .clickable { onClick(note) }
18.             ...
19.     }
20. }
```

這邊蠻簡單的，一個是只要串接便利貼的點擊事件給之後的 ViewModel 用就好，另一個是使用 **selected** 來決定要不要顯示選擇狀態。另外為了更好的可讀性，我自己寫了一個 Modifier 的 extension function - **highlightBorder** 來渲染選擇狀態，其程式碼如下：

```
1.  private val highlightBorder: @Composable Modifier.(Boolean) ->
    Modifier = { show ->
2.      if (show) {
3.          this.border(2.dp, Color.Black, MaterialTheme.shapes.medium)
4.      } else {
5.          this
6.      }.padding(8.dp)
7.  }
```

然後是 **MenuView** 的實作，這邊的實作也是相對簡單，大部分都是 UI 的排版而已，比較需要額外注意的是，這是一個 Stateful 的元件，因為選顏色的下拉式選單需要狀態來管理開跟關：

```
1.  @Composable
2.  fun MenuView(
3.      modifier: Modifier = Modifier,
4.      selectedColor: YBColor,
5.      onDeleteClicked: () -> Unit,
6.      onColorSelected: (YBColor) -> Unit,
7.      onTextClicked: () -> Unit
8.  ) {
9.      var expended by remember {
10.         mutableStateOf(false)
11.     } // 用來記錄下拉式選單的狀態
12.
```

```
13.    Surface(
14.        modifier = modifier.fillMaxWidth(),
15.        elevation = 4.dp,
16.        color = MaterialTheme.colors.surface
17.    ) {
18.
19.        Row {
20.            // 刪除按鈕
21.            IconButton(onClick = onDeleteClicked ) {
22.                val painter = painterResource(id = R.drawable.
    ic_delete)
23.                Icon(painter = painter, contentDescription = "Delete")
24.            }
25.            // 編輯文字按鈕
26.            IconButton(onClick = onTextClicked ) {
27.                val painter = painterResource(id = R.drawable.
    ic_text)
28.                Icon(painter = painter, contentDescription =
    "Edit text")
29.            }
30.            // 顏色選單
31.            IconButton(onClick = { expended = true }) {
32.                Box(modifier = Modifier
33.                    .size(24.dp)
34.                    .background(Color(selectedColor.color),
    shape = CircleShape))
35.
36.                DropdownMenu(expanded = expended,
    onDismissRequest = { expended = false }) {
37.                    for (color in YBColor.defaultColors) {
38.                        DropdownMenuItem(onClick = {
39.                            onColorSelected(color)
40.                            expended = false
```

```
41.                          }) {
42.                              Box(modifier = Modifier
43.                                  .size(24.dp)
44.                                  .background(Color(color.color),
    shape = CircleShape))
45.                          }
46.                      }
47.                  }
48.              }
49.          }
50.      }
51. }
```

最後終於到了 **EditorScreen**：

```
1. @Composable
2. fun EditorScreen(viewModel: EditorViewModel) {
3.     Surface(color = MaterialTheme.colors.background) {
4.         Box(
5.             Modifier.fillMaxSize()
6.                 .pointerInput("Editor") {
7.                     detectTapGestures { viewModel.tapCanvas() }
8.                 }
9.         ) {
10.             val selectedNote by viewModel.selectingNote.
    subscribeAsState(initial = Optional.empty())
11.             val selectingColor by viewModel.selectingColor.
    subscribeAsState(initial = YBColor.Aquamarine)
12.             val allNotes by viewModel.allNotes.
    subscribeAsState(initial = emptyList())
13.             BoardView(
14.                 allNotes,
15.                 selectedNote,
```

```
16.            viewModel::moveNote,
17.            viewModel::tapNote
18.        )
19.        // 新增便利貼按鈕
20.        AnimatedVisibility(
21.            visible = !selectedNote.isPresent,
22.            modifier = Modifier.align(Alignment.BottomEnd)
23.        ) {
24.            FloatingActionButton(
25.                onClick = { viewModel.addNewNote() },
26.                modifier = Modifier
27.                    .padding(8.dp)
28.            ) {
29.                val painter = painterResource(id =
    R.drawable.ic_add)
30.                Icon(painter = painter, contentDescription = "Add")
31.            }
32.        }
33.        // 選單
34.        AnimatedVisibility(
35.            visible = selectedNote.isPresent,
36.            modifier = Modifier.align(Alignment.BottomCenter)
37.        ) {
38.            MenuView(
39.                selectedColor = selectingColor,
40.                onDeleteClicked = viewModel::onDeleteClicked,
41.                onColorSelected = viewModel::onColorSelected,
42.                onTextClicked = viewModel::onEditTextClicked
43.            )
44.        }
45.    }
46.  }
47. }
```

　　與 **EditorViewModel** 所有有互動的操作這邊都有特別標出來，以下
依序說明比較重要的部分：

- 第 7 行使用最外層 **Box** 的手勢事件來當作點擊空白區域的觸發點。

- 第 23 行開始的區塊使用了動畫 API（章節 2.4Jetpack Compose 的
  動畫），以及便利貼的選擇狀態來決定要不要顯示新增按鈕，在這
  裡用這樣的方式就可以完成規格上的需求：「進入選擇狀態時，新
  增按鈕會隱藏起來，並出現選單」。

- 第 34 行開始的區塊顯示的邏輯與上述相反，也很巧妙的完成了規
  格上的需求。

- 為了第 40 行到第 42 行，我新增了三個 **EditorViewModel** 的函式，
  目前還沒有任何作用，接下來的章節會再實作出來。

深度剖析

商業邏輯到底是要放在 View 還是 ViewModel 呢？在這裡用巧妙的
方法借用了 selectedNote 來判斷要不要顯示新增按鈕與選單，相信
在很多專案也都是這樣做的，既然結果是相同的，那我們根本不必
要在 ViewModel 多一個變數像是 showAddButton 或是 showMenu 來
代表要顯示的狀態對吧？但其實如果做這樣的選擇的話，就是把商
業邏輯放到了 View 這邊，這樣帶來的缺點是，其他開發者在閱讀
你的程式碼的時候需要做一些「腦補」才能知道這段程式碼的意
圖，另外之後在邏輯變得更複雜的時候，要做的判斷可能不只一
個，所以最終可能還是需要這樣的變數。這一樣沒有最正確的答
案，但以我個人來說是偏好可閱讀性多一點。

5.2　單一事件來源（**Single source of truth**）

　　以往我們所熟悉的單一事件來源都是在針對資料層，概念上基本上這樣的：我們應用程式的資料來源通常來說都有兩個，一個是網路，另一個是本地端資料庫。如果使用者處於離線狀態時，還是有可能會更新資料，這時候只會更新到本地端的資料庫，但是在這段時間裡，網路端的資料也有可能被別人改變，那下一次連上網路時，我們應該要怎麼整合資料？關於資料同步問題一直都是個難題，但是不管我們打算採取哪種做法，單一事件來源建議我們應該要永遠使用單一的資料來源來取值，通常來說都是本地端資料庫，我們就因此解決了讀取資料的部分，採用了這個準則之後，解決問題的複雜度就會大大的降低。

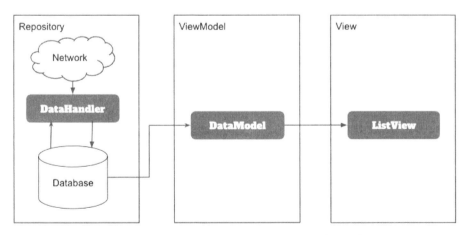

圖 5-3　網路獲取資源，塞資料到資料庫中，之後再將資料送給 ViewModel

說明完了大家所熟悉的單一事件來源之後，我們再回來看看我們的便利貼應用程式。

實作：改變顏色

在上個章節的最後，在 **EditorViewModel** 新增了三個函式，其中一個改變顏色有關：

```
1.  fun onColorSelected(color: YBColor)
```

依據直覺，只要使用 selectingNoteSubject.value 拿到現在正在選擇中的 **note**，就可以藉由更改這個 **note** 中的 **color** 拿到新的 **note**，再將更新後的 **note** 放到 **NoteRepository** 裡去上傳資料，最後 firebase 將會回傳最新的資料，以下是實作：

```
1.  fun onColorSelected(color: YBColor) {
2.      val optSelectingNote = selectingNoteSubject.value
3.
4.      optSelectingNote
5.          .map { note -> note.copy(color = color) }
6.          .ifPresent { note ->
7.              noteRepository.putNote(note)
8.          }
9.  }
```

完成了之後，乍看之下沒有什麼問題，但是我們卻發現了一個 bug，如圖 5-4 所示：

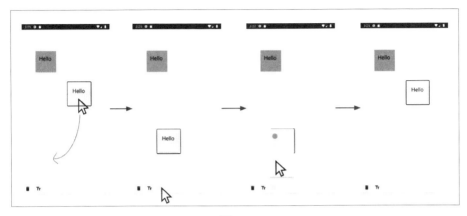

圖 5-4

為什麼我們拖曳到其他地方之後再改變顏色，位置會回到上一個地方呢？請看下方的流程圖：

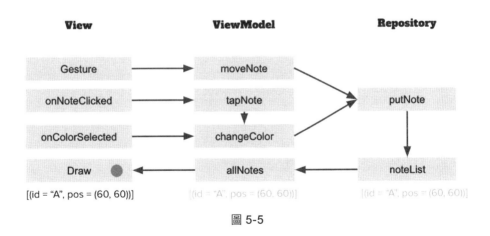

圖 5-5

現在比之前的流程更複雜、更多條了，之前在看流程時只有最上面的 Gesture 以及最下面 Draw 這兩條，為了完成第二階段的需求，現在在中間多了點擊便利貼 **onNoteClicked** 以及選擇顏色 **onColorSelected** 這兩條流程。

初始狀態如圖 5-5 所示，在訂閱時有一筆資料，id 是 A，位置為
（60, 60）。接下來，便利貼拖曳事件被觸發，x 跟 y 移動的距離分別是
（10, 10），之後將會使用這邊的資訊產生新的 note 資料。

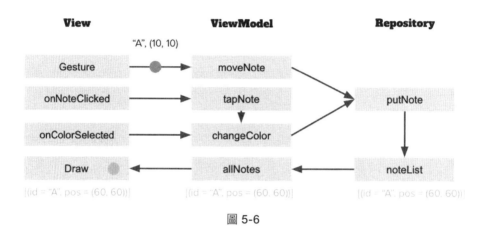

圖 5-6

最後產生新的資料的位置是（70, 70），到目前為止跟之前一樣，接
下來就是重點了：

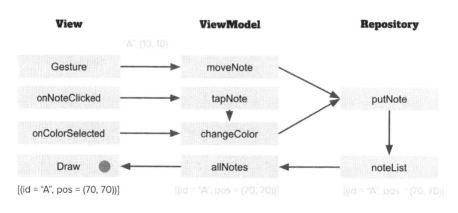

圖 5-7

　　使用者點擊了 A 這個便利貼，並且將 **note** 的完整資訊送到了 **EditorViewModel**，**EditorViewModel** 將會把這完整的資訊儲存起來當作 **selectingNote**。但是請注意這邊的事件，從 View 傳送過來的位置竟然還是（60, 60）！不是已經更新為（70, 70）了嗎？經過調查後發現，原來因為我們在 View 層使用的 lambda 把最一開始的初始狀態記起來了！所以這個 lambda 送出來的永遠都會是初始狀態的 **note**。

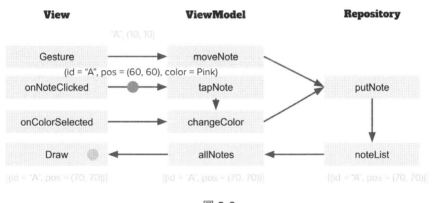

圖 5-8

　　接下來，改變顏色的按鈕被點選了，之後將依照 **EditorViewModel** 實作的邏輯，與 **selectingNote** 合併起來產生一個新的 **note** 資料。

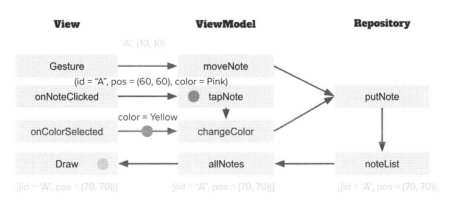

圖 5-9

最後就發生 bug 中所發現的狀況，如圖 5-10 所示，雖然顏色改了沒錯，但是位置卻不是最新的（70, 70），而是初始狀態中的位置（60, 60）。

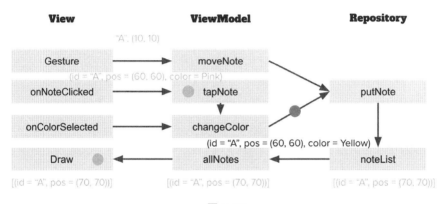

圖 5-10

單一事件來源不是 Repository 層的專屬問題

那我們要怎麼解決這問題呢？其中有一個最快想到的解法是：更改 View 層的實作，點擊便利貼所送出來的 **note** 都一定要是最新，最正確的資料。的確，如果是這樣的解法的話，目前的問題可以被解決。但是！還有一個但是！萬一有其他人從遠端修改同一個 **note** 要怎麼辦？依據我們目前的機制，只要 Firebase 的資料改了，我們就會馬上更新並顯示在 View 上面，然而在這時候本地端早已經選擇了該張便利貼，所以 View 的狀態跟 ViewModel 的 **selectingNote** 狀態又不一致了！因此更改 View 層實作並不是一個一勞永逸的解法，反而會讓便利貼的資料狀態在各個地方不同步，View 層顯示的是最新的狀態，ViewModel 層已經選好的 **selectingNote** 卻是之前在選擇時的快照狀態。

於是，為了要從根本上解決這個問題，就得要讓 selectingNote 一直保持在最新狀態才行，因此我們需要捨棄掉從 View 來的過時的位置、顏色等資料內容，只要知道 id 即可，並且結合 repository.getAllNotes() 中最正確的即時資訊，如此一來，不管是更改顏色、文字或是任何其他資訊就不會不小心蓋掉之前的修改了。

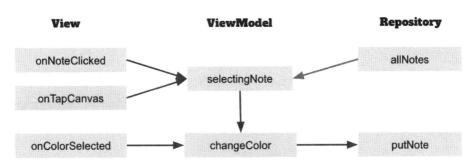

圖 5-11　最正確的資料應該要從 repository 來

```
1.  class EditorViewModel(
2.      private val noteRepository: NoteRepository
3.  ): ViewModel() {
4.
5.      private val selectingNoteIdSubject = BehaviorSubject.
    createDefault("")
6.      val allNotes: Observable<List<Note>> = noteRepository.
    getAllNotes()
7.      val selectingNote: Observable<Optional<Note>> = Observables.
    combineLatest(allNotes, selectingNoteIdSubject) { notes, id ->
8.          Optional.ofNullable<Note>(notes.find { note -> note.id
    == id })
9.      }.replay(1).autoConnect()
10.
11.     fun tapNote(note: Note) {
```

```
12.        val selectingNoteId = selectingNoteIdSubject.value
13.        if (selectingNoteId == note.id) {
14.            selectingNoteIdSubject.onNext("")
15.        } else {
16.            selectingNoteIdSubject.onNext(note.id)
17.        }
18.    }
19.
20.    fun onColorSelected(color: YBColor) {
21.        selectingNote
22.            .take(1)
23.            .mapOptional{ it }
24.            .subscribe { note ->
25.                val newNote = note.copy(color = color)
26.                noteRepository.putNote(newNote)
27.            }
28.            .addTo(disposableBag)
29.    }
30. }
```

在這個新版的實作裡，新增了一個 **selectingNoteIdSubject**，
當 **tapNote** 被呼叫時就會更新裡面的內容。在第 7 行中，我們將
selectingNoteIdSubject 與 **allNotes** 做結合，產生了保證擁有最新資料
的 **selectingNote**，第 9 行這邊有個 RxJava 的進階用法，目的是為了讓
任何訂閱此 Observable 的訂閱者都能在訂閱的當下拿到最近一個已發送
過的結果。也因為如此，在第 21 行也才能夠拿到 **selectingNote** 的值。

但我對 **onColorSelected** 的程式碼不太滿意，擁有太多不相關技術細節，所以在這邊稍微重構了一下：

```
1.  fun onColorSelected(color: YBColor) {
2.      runOnSelectingNote { note ->
3.          val newNote = note.copy(color = color)
4.          noteRepository.putNote(newNote)
5.      }
6.  }
7.
8.  private fun runOnSelectingNote(runner: (Note) -> Unit) {
9.      selectingNote
10.         .take(1)
11.         .mapOptional { it }
12.         .subscribe(runner)
13.         .addTo(disposableBag)
14. }
```

從以上的案例我們看到了單一事件來源這原則的重要性，就算我們照顧好了從 Repository 來的資料，重複、混亂的資料來源也有可能不小心被我們自己製造出來。在這個案例中不一致的資料來源是來自於 View 的點擊事件，其實從這裡我們也可以稍微嗅到了一點模式的味道：資料的傳遞方向應該是由後端傳到前端，由前端到後端的傳遞資料往往會出現問題，而這觀念就是接下來要介紹的「單向數據流」。

5.3 單向數據流與 UI 狀態

在進入正題前，先補完一下上一個章節還沒完成的功能，雖然目前選擇顏色沒問題了，但是選單中的顏色卻沒有跟著一起變化，接下來就要完成這一塊：

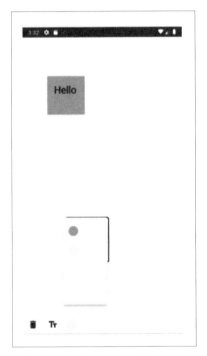

圖 5-12　選取完顏色之後選單中的顏色也要改變

　　根據之前的教訓，我們不應該直接拿 View 層直接可以取得的顏色
去做覆寫，而應該是要串接從 Repository 一路傳回來的資料。如圖 5-13
所示：

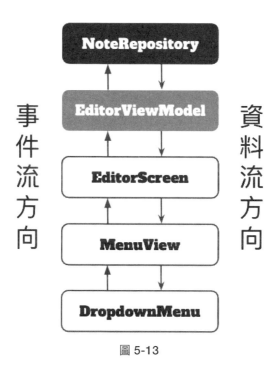

圖 5-13

　　由於我們已經在 EditorViewModel 有了 selectingNote 的這個變
數，所以可以直接利用這個變數產生出現在應該要顯示的顏色：

```
1.  val selectingColor: Observable<YBColor> = selectingNote
2.        .mapOptional { it }
3.        .map { it.color }
```

接著使用這個變數串接到 **MenuView** 即可：

```
1.  // EditorScreen
2.  val selectingColor by viewModel.selectingColor.subscribeAsState
    (initial = YBColor.Aquamarine)
3.
4.  ...
5.
6.  MenuView(
7.      selectedColor = selectingColor,
8.      onDeleteClicked = viewModel::onDeleteClicked,
9.      onColorSelected = viewModel::onColorSelected,
10.     onTextClicked = viewModel::onEditTextClicked
11. )
```

以上就補完了選單顏色顯示的需求，而且也因為這樣的實作方式是以 Repository 的資料為基準，所以就算選中的便利貼顏色被其他人改了也會即時反應現狀。根據這幾次的經驗，我們可以觀察到事件流永遠都是會一路從 View 層傳到 Repository，而資料流則是相反，而這樣子的流動方向就是「單向數據流」。

單向數據流（Unidirectional data flow）

單向數據流有很多不同的變形，像是在 Jetpack Compose 的文件中，只用 UI 跟 State 這兩個組件來表示單向數據流，在 MVI 模式（延伸閱讀 5-2）中，則是以 User、Intent、Model、View 這四個組件形成一個單向的迴路，不過不管怎麼變化，在 Android 的使用上，發送出去的都會是以事件的形式發出，接收點都會是 UI 的狀態的形式接收到。

單向數據流的其中一個特點是，UI 狀態是不可變的（Immutable）。
不可變也就是代表每一次資料的更新都是一個畫面的快照，不會參照到
同一個資源，因此是執行緒安全（threadsafe）的，也不用擔心資料被其
他層的元件修改。

不可變的資料同時也帶來了一個致命的缺點：短時間內建立大量資
料所帶來的效能瓶頸。為了要確定狀態為不可變，就得必須建立或複製
所有的嵌套資料，如果資料內容太多再加上更新頻率太快的話，就會造
成大量 Garbage Collection。

UI 狀態

接下來我們來討論一下一個很常碰到的問題：在 MVVM 的架構
模式中，當我們的功能越加越多的時候，ViewModel 對外公開的欄位
也會越來越多，從一開始的 **allNotes**，到現在新增的 **selectingNote**,
selectingColor，甚至還可能會有 **showAddButton**, **showMenu**，這些都
是這頁面的狀態，不難想像，未來功能越加越多時，公開欄位會越來越
多，所相對應的資料綁定也會越來越多，到最後會難以管理。這種將每
個狀態都分開管理的模式，我們稱作 **UI 元素狀態**（UI element state）。

與 UI 元素狀態相對的，就是**畫面 UI 狀態**（Screen UI state）。目前
主流的架構模式之一：MVI，就提倡將這些分散的狀態全部集合在一起，
變成一個單一頁面的狀態，如此一來管理狀態就變得相當單純而且不容易
出錯，再加上這種模式也是非常符合函式程式設計範式的，所以目前看起
來，MVI 架構模式跟我們專案的特性也是非常搭才對。

MVI Pattern

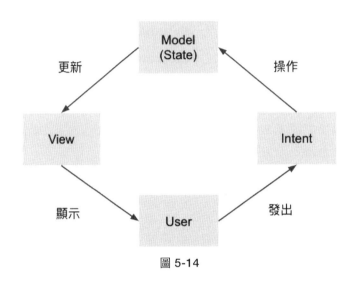

圖 5-14

作者小故事

筆者剛開始工作時，在某一個專案中處理登入流程時碰到了很大的阻礙，
主要是因為登入跟註冊流程有些頁面要重用，有些又不需要重用，註冊的
步驟又很多，這讓我很難在某一個步驟（Fragment）中知道所有的前置條
件並作妥善的處理。經過一個晚上的研究，後來我找到了一個解法：使用
設計模式中的狀態模式。將使用者的每一個登入流程都轉換為不同的狀
態，像是已登入、未登入、未驗證 Email 等等，這些狀態都是有序而且單
向的，導入狀態模式後登入流程的問題就很順利地被解決了。順帶一提，
為了共享狀態，狀態的儲存者是一個 Singleton。

學習新知識，並加以套用，純粹以物件導向設計來解決問題，這是一個
非常愉快而且充滿成就感的經驗！如果那時候已經學習 MVVM 的概念的
話，搞不好會一直困在資料該不該在頁面之間共享、或是哪一個邏輯是屬
於「商業邏輯」這種為了服務「架構」而產生出來的問題，而忽略了這種
簡單、好理解的解法。

　　但是在真正大刀闊斧下去改架構之前，還是先來評估一下值不值得
這樣做，我們可以先針對狀態這個部分先處理就好，不用將全部的程式
碼都改成 MVI 的形狀：

```
1.  data class EditorScreenState(
2.      val notes: List<Note>,
3.      val selectedNote: Optional<Note>
4.  ) {
5.      val selectedColor = selectedNote.map { it.color }
6.      val showAddButton = !selectedNote.isPresent
7.      val showMenu = selectedNote.isPresent
8.  }
```

　　將 UI 狀態改為**畫面 UI 狀態**之後，就會像上面所看到的 EditorScreenState
一樣，將所有相關的屬性以及狀態都放在裡面。幸運的是，**selectedColor**、
showAddButton 還有 **showMenu** 都可以由其他的狀態去推斷出來，同
時還能將領域知識封裝在這個類別中，不會像第 4 章一樣寫在 View 裡面。

```
1.  class EditorViewModel(
2.      private val noteRepository: NoteRepository
3.  ): ViewModel() {
4.
5.      ...
6.
7.      val editorScreenState: Observable<EditorScreenState> =
    editorReducer(noteRepository.getAllNotes(), selectingNoteIdSubject)
8.
9.      private fun editorReducer(
10.         allNotes: Observable<List<Note>>,
11.         selectingNoteIdSubject: BehaviorSubject<String>
12.     ): Observable<EditorScreenState> {
```

```
13.         return Observable.combineLatest(allNotes,
    selectingNoteIdSubject) { notes, id ->
14.             val selectedNote = Optional.ofNullable<Note>(notes.
    find { note -> note.id == id })
15.             EditorScreenState(notes.toMutableList(), selectedNote)
16.         }.replay(1).autoConnect()
17.     }
18.
19.     ...
20.
21. }
```

至於 **EditorViewModel** 這邊的改動的話，我拿掉了原本的 **allNotes**、
selectingNote 與 **selectingColor**，用 **EditorScreenState** 就可以取代這全
部了，產生 **EditorScreenState** 的邏輯也非常簡單，跟之前版本對比起
來可以說是沒什麼差別。

```
1.  @Composable
2.  fun EditorScreen(
3.      viewModel: EditorViewModel
4.  ) {
5.      ...
6.
7.          val editorViewState by viewModel.editorScreenState.
    subscribeAsState(
8.              initial = EditorScreenState(
9.                  emptyList(), Optional.empty()
10.             )
11.         )
12.
13.     ...
14.
15. }
```

最後是 **EditorScreen**，這次修改最明顯的優點就在這邊了，只需要呼叫一次 **subscribeAsState** 就好，不用每個欄位都個別綁定。

將多個狀態聚合成一個狀態的這個重構，乍看之下是一個好的方向，但其實有兩個缺點：

1. EditorScreenState 沒有良好的表達領域知識，其中有一個欄位：selectedColor，其實是為了 Menu 而存在的一個欄位，比較好一點的作法應該是再定義一個叫做 MenuState 的類別，但是如果多定義了 MenuState 是不是又有點太過頭了呢？

2. 這些欄位更新的頻率完全不一樣，如果只是為了改變其中一個便利貼的位置而每次都要重新做一樣的計算與建立物件，是有點浪費的。

綜合以上的考量，將狀態聚合在一起的優點沒有好到可以忽視這些缺點，尤其是更新頻率的部分很有可能成為未來的阻礙。但是我們要因此接受所有狀態都分開處理嗎？

其實在 UI 狀態的選擇上，不是只有 **UI 元素狀態**與**畫面 UI 狀態**這兩種極端的選項，其實還可以考慮另外一種可能性：**UI 元素聚合**。在一個複雜的頁面上，通常會有幾個獨立的區塊，而將這些獨立的區塊的狀態整合在一起時，就是 UI 元素聚合。像是選單、側邊欄、對話框等等，都是非常明顯可以這樣應用的例子，如果是以便利貼專案為例的話，選單就會是一個很好的聚合單位，可以將跟選單有關的狀態都封裝在其中。

5.4 小結

在本章中我們討論了兩個在 MVVM 架構中 UI 狀態要注意的準則：
單一事件來源與單向數據流。為了符合這些準則，有些開發者會偏好定
義一些基礎設施（infrastructure）類別像是 BaseAction 或是 BaseUIState
去給每個頁面甚至是應用程式去使用。但我個人對這種作法是持反對意
見的，或是更精確的說，我同意這種基礎設施類別對有些應用程式很有
幫助，但是如果盲目地去做使用，而不去思考背後要解決的問題的話，
搞不好反而會變成專案的累贅，因為這些類別是無法輕易拔除的。

延伸閱讀

5-1　專案參考程式碼連結：https://github.com/hungyanbin/
ReactiveStickyNote/tree/master

5-2　MVI Architecture for Android Tutorial：https://www.raywenderlich.
com/817602-mvi-architecture-for-android-tutorial-getting-started

5-3　狀態持有物件和 UI 狀態：https://developer.android.com/topic/
architecture/ui-layer/stateholders

06

Chapter

跳轉頁面的設計

對於開發應用程式來說，除了狀態管理之外，另外一個不可少的就是頁面之間的溝通，對於初階 Android 工程師面試時也幾乎是個必考題，但本書不會深究 Activity 或是 Fragment 有哪些 API 或是相關的技術細節，而是會以更抽象、更高層的角度去思考我們的設計，其實這就是 SOLID 中的相依反轉原則，不應該是專案的核心邏輯去依賴 Android 框架，而應該是想辦法讓 Android 框架去配合我們的設計。

本章重點

▶ 一個新的頁面需要知道多少領域知識內容的取捨。

▶ 作用域對於頁面開啟與重用時帶來的影響。

6.1 編輯文字頁面

在便利貼應用程式中，其中還有一個功能是編輯便利貼的文字內容，在這裡我們將使用一個全版的頁面來做文字編輯，UI 完成之後會像圖 6-1 這樣子，可以編輯文字，還有確認以及取消按鈕：

圖 6-1

View 實作

　　我們依循 Jetpack Compose 的慣例，只要是頁面就一律以 Screen 作為名字結尾，所以這頁面的函式名字就命名為 **EditTextScreen**。

```
1.  @Composable
2.  fun EditTextScreen(
3.      editTextViewModel: EditTextViewModel
4.  ) {
5.      val text by editTextViewModel.text.subscribeAsState(initial = "")
6.
7.      Box(modifier = Modifier
8.          .fillMaxSize()
9.          .background(Color.White)
10.         .background(TransparentBlack)
11.     ) {
12.         // 輸入框
13.         TextField(
14.             value = text,
15.             onValueChange = editTextViewModel::onTextChanged,
16.             modifier = Modifier
17.                 .align(Alignment.Center)
18.                 .fillMaxWidth(fraction = 0.8f),
19.             colors = TextFieldDefaults.textFieldColors(
20.                 backgroundColor = Color.Transparent,
21.                 textColor = Color.White
22.             ),
23.             textStyle = MaterialTheme.typography.h5
24.         )
25.         // 取消按鈕
26.         IconButton(
27.             modifier = Modifier.align(Alignment.TopStart),
```

```
28.            onClick = editTextViewModel::onCancelClicked
29.        ) {
30.            val painter = painterResource(id = R.drawable.ic_close)
31.            Icon(painter = painter, contentDescription = "Close",
    tint = Color.White)
32.        }
33.        // 確認按鈕
34.        IconButton(
35.            modifier = Modifier.align(Alignment.TopEnd),
36.            onClick = editTextViewModel::onConfirmClicked
37.        ) {
38.            val painter = painterResource(id = R.drawable.ic_check)
39.            Icon(painter = painter, contentDescription =
    "Delete", tint = Color.White)
40.        }
41.    }
42. }
```

跟 EditorScreen 一樣，EditTextScreen 這邊我也搭配了一個 ViewModel
給它：EditTextViewModel。由於 TextField 是一個 Stateless 的元件，這邊文
字的內容並不是由 TextField 自己控制，而是再往上委派給 EditTextViewModel
去做控制，文字的內容是藉由綁定 editTextViewModel.text 來收到最新的資
料，至於鍵盤輸入，則是再往上傳遞給 editTextViewModel.onTextChanged
這個函式，來讓 EditTextViewModel 有全部的控制能力。這個模式是不是
有點眼熟呢？沒錯，這頁面也形成了一個單向數據流，不過以這邊的案例
來說，數據流的最後端是 ViewModel，不需要到 Repository。

至於其他內容就相對單純，讀者應該可以自行閱讀。

ViewModel 實作

首先來看看 ViewModel 文字更新的邏輯：

```
1.  class EditTextViewModel(
2.      private val noteRepository: NoteRepository,
3.      private val noteId: String,
4.      defaultText: String
5.  ) : ViewModel() {
6.
7.      private val textSubject = BehaviorSubject.createDefault
    (defaultText)
8.      val text: Observable<String> = textSubject.hide()
9.
10.     fun onTextChanged(newText: String) {
11.         textSubject.onNext(newText)
12.     }
13.
14.
15.     ...
```

EditTextViewModel 建構子的參數有三個：**noteRepository**、**noteId** 還有 **defaultText**，會選擇這三個當參數的原因會在下一節說明，現在先注重在怎麼將資料串起來。在第 7 行這裡我們再一次利用了 **BehaviorSubject**，第 11 行用非常簡單的方式來更新資料，而 **textSubject** 的下游 **text**，除了用來顯示之外，也會在之後用來儲存到 **NoteRepository**：

```
1.      fun onConfirmClicked() {
2.          noteRepository.getNoteById(noteId)
3.              .withLatestFrom(text) { note, text ->
```

```
4.            note.copy(text = text)
5.          }
6.        .subscribe { newNote ->
7.          noteRepository.putNote(note = newNote)
8.          leavePageSubject.onNext(Unit)
9.          }
10.       .addTo(disposableBag)
11.   }
```

再來看看這個頁面的另外一個功能：當確認按鈕被點擊的時候，就會使用當下的文字內容 **text** 以及結合目前的便利貼資訊 **noteRepository. getNoteById**，一起更新到 **NoteRepository**，除此之外，在第 8 行中的 leavePageSubject.onNext()，還會關掉目前所在的頁面。

```
1. private val leavePageSubject = PublishSubject.create<Unit>()
2. val leavePage: Observable<Unit> = leavePageSubject.hide()
3.    fun onCancelClicked() {
4.        leavePageSubject.onNext(Unit)
5.    }
```

最後就剩點擊取消按鈕，這邊的實作非常簡單，直接離開該頁面就好了。另外還有 **leavePage** 的部分還沒跟 View 做串接，以下做 **EditTextScreen** 這方面的補充：

```
1. @Composable
2. fun EditTextScreen(
3.    editTextViewModel: EditTextViewModel,
4.    onLeaveScreen: () -> Unit,
5. ) {
```

```
6.
7.     editTextViewModel.leavePage
8.         .toMain()
9.         .subscribeBy( onNext = { onLeaveScreen() })
10.    ...
11. }
12.
13. @Composable
14. fun <R, T : R> Observable<T>.subscribeBy(
15.     onNext: (T) -> Unit = {},
16.     onError: (Throwable) -> Unit = {},
17.     onComplete: () -> Unit = {},
18. ) {
19.     DisposableEffect(this) {
20.         val disposable = subscribe(onNext, onError, onComplete)
21.         onDispose { disposable.dispose() }
22.     }
23. }
24.
```

在第 7-9 行中，只要有離開頁面的事件發生了，就會去呼叫從參數傳進來的回呼 **onLeavePage**，這邊有一個比較特別的 extension function：**subscribeBy**，主要是因為我想做的事情只能發生一次，所以不能用 State 接起來，不然會因為記住這狀態而讓同樣的事件一再觸發，這現象其實使用 LiveData 也會發生（註 6-1），有經驗的讀者應該不陌生。

註 6-1 確保只發送一次事件的 LiveData

在網路上有人分享了該現象的分析，以及怎麼使用 LiveData 解決這個問題，網址在此 https://proandroiddev.com/2395dea972a8。

所以為了達到「只發生一次」的這個需求，我們用到了 **DisposableEffect**。**DisposableEffect** 是一個 Jetpack Compose 的 side effect，可以用來串接生命週期相關事件，**DisposableEffect** 會在當下的 Composable function 被回收時執行。以這個案例來說，這個 Composable function 就是 **EditTextScreen**。如果還有點模糊的話，我們也可以把這個 side effect 想像成是 Activity 的 **onDestroy()**，也就是當 **EditTextScreen** 結束要被回收時才會去執行。

6.2 在頁面之間傳遞資料

現在我們有了**編輯便利貼頁面** EditorScreen，還有**編輯文字頁面** EditTextScreen。使用者編輯文字的流程如下：選擇了某一個便利貼→看到選單出現→點擊編輯文字按鈕→跳轉到編輯文字頁面→編輯完文字後點擊確認→回到便利貼頁面並且看到更新。為了要完成這功能，以下這幾件事是需要思考的：

1. 跳轉頁面時要傳送什麼資料給編輯文字頁面？編輯的文字內容？還是便利貼 ID？

2. 編輯完成後，要怎麼更新資料呢？

思考過後有兩種選擇：第一個作法如圖 6-2 左所示，編輯文字頁面只負責更改文字，然後將更改的結果傳回去，最後再交給便利貼頁面來去做更新。第二個作法如圖 6-2 右所示，編輯文字頁面有編輯便利貼文字的權限，一開始接收到便利貼的 id 與現在的文字內容，最後在使用者確定要進行更新時，直接去更改 Firestore 上面的資料，當回到便利貼頁面時，因為資料綁定，所以馬上就能看到剛剛已經更新的資料。

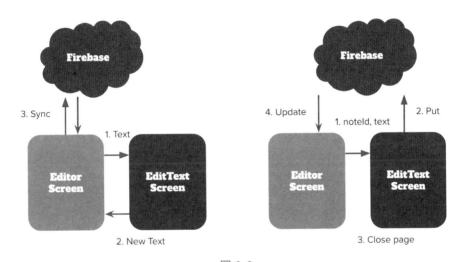

圖 6-2

　　如果是第一個做法的話，編輯文字頁面就會非常簡單，職責非常少，但是便利貼頁面就會相對的負擔比較多的責任，在接收到上個頁面回傳的結果時，為了要遵循單向資料流原則，還不能直接在 View 層更新資料，必須要再經過 ViewModel、Repository 這兩層傳遞最新的資料，最後才能看到 Firebase 來的更新。

　　至於第二個做法的話，為了能夠更新資料，就會讓編輯文字頁面知道了便利貼相關領域知識了，因此編輯文字頁面未來的可重用性幾乎降為零，這是個只為了編輯「便利貼」的文字而生的頁面，但是好處是編輯便利貼頁面這邊就會比較輕鬆。

那這兩個做法哪個比較好呢？很可惜的這沒有正確的答案，如果編輯文字頁面是一個功能非常豐富的文字編輯器，想要在其他 App 或是不同的應用場景中使用的話，那就會是第一個做法會比較好。反之，如果這個編輯文字頁面，跟便利貼領域知識息息相關，甚至還需要獲取或更改更多便利貼的資料時，那就會是第二個做法比較好，因此技術解決方案是與需求有著很高的連結關係的。但是以目前來說，採用第二個做法的技術挑戰會少一點，所以這邊我選擇第二個做法，但是同時開放第一個做法的選項，隨時意識到有這種選項的存在。

作者小故事

雖然理想上是有可能存在著一個非常獨立的頁面，可供其他應用程式使用，像是照片選擇頁面就是一個顯而易見的例子。但是現實實上這種情況搞不好永遠都不會發生。筆者的同事就曾經為了讓一個功能非常獨立，打算將其變成一個開放原始碼專案，而拒絕將公司的事件追蹤函式庫放在該功能中，因為一旦放了，就很難將該功能開源，取而代之的，是用一個寫死的字串，再透過一個抽象類別將事件發送出去。但是很多年過去了，該功能還是沒有開源，人也不在公司了，但當初放在該功能的事件追蹤程式碼，卻還是以一個很奇怪的形式遺留在程式碼中。

Navigation Compose

Navigate Compose 是為了 Jetpack 頁面導航而存在的函式庫，使用該函式庫可以讓我們輕鬆的定義頁面之間的關係，以下分別簡單介紹兩個主要組件：

■ NavController：NavController 可以用來追蹤所有 Compose 頁面的狀態，包含頁面的堆疊、返回以及傳遞資料。

■ NavHost：NavHost 是一個 Composable function，幫我們管理了所有的 Navigation graph，與 NavController 是一對一的對應關係，在 NavHost 底下，可以透過 navigation DSL，讓我們得以輕鬆的描述出頁面與頁面之間的交互關係，其中每一個頁面的路徑都是以 URL 來表示。

目前在專案中只有兩個頁面，頁面的設定相當簡單，程式碼如下：

```
1.  class MainActivity : ComponentActivity() {
2.      override fun onCreate(savedInstanceState: Bundle?) {
3.          super.onCreate(savedInstanceState)
4.          setContent {
5.              val navController = rememberNavController()
6.
7.              ReactiveStickyNoteTheme {
8.                  NavHost(navController, startDestination =
    Screen.Editor.route) {
9.                      composable(Screen.Editor.route) {
10.                         val viewModel by viewModel<EditorViewModel>()
11.                         EditorScreen(
12.                             viewModel = viewModel,
13.                             openEditTextScreen = { note ->
14.                                 navController.navigate(Screen.
    EditText.buildRoute(note.id, note.text))
15.                             }
16.                         )
17.                     }
18.
```

```
19.                      composable(Screen.EditText.route) {
   backStackEntry ->
20.                          val viewModel by viewModel<EditTextViewModel> {
21.                              parametersOf(
22.                                  backStackEntry.arguments?.
   getString(Screen.EditText.KEY_NOTE_ID),
23.                                  backStackEntry.arguments?.
   getString(Screen.EditText.KEY_DEFAULT_TEXT),
24.                              )
25.                          }
26.                          EditTextScreen(viewModel, onLeaveScreen
   = { navController.popBackStack() })
27.                      }
28.                  }
29.              }
30.          }
31.      }
32. }
```

1. 第 8 行 **startDestination** 設定了第一個應該要看到的頁面，依目前
    的情況來說，第一個看到的就是 **EditorScreen**。

2. 在 **NavHost** 中定義頁面的話會使用 composable 這個函式，上述程
    式碼中第 9 行跟第 19 行分別有一個，各代表了編輯便利貼頁面與
    編輯文字頁面。

3. 第 14 行中使用了 **navController.navigation()** 來通知 **navController**
    切換到下一個頁面；第 26 行則是使用 **navController.popBackStack()**
    關掉目前的頁面。

4. 在這邊一直出現的 **Screen** 是我自己定義的類別，代表了頁面的抽象，下面會再做介紹。

5. 第 22-23 行使用 **backStackEntry.arguments** 就可以拿到從上個頁面傳來的資料。

接下來來看看 **Screen** 類別中做了哪些事：

```
1.  sealed class Screen(val route: String) {
2.      object Editor : Screen("editor")
3.      object EditText : Screen("editText/{noteId}?defaultText={def
    aultText}") {
4.          fun buildRoute(noteId: String, defaultText: String) =
    "editText/${noteId}?${KEY_DEFAULT_TEXT}=${defaultText}"
5.          const val KEY_NOTE_ID = "noteId"
6.          const val KEY_DEFAULT_TEXT = "defaultText"
7.      }
8.  }
```

這裡分別有兩個子類別：**Editor** 與 **EditText**。要打開 **Editor** 頁面由於不需要傳遞參數，所以 **route** 不用做什麼特殊設定。另一方面，**EditText** 頁面需要傳遞兩個參數，一個是 **noteId**，另一個是 **defaultText**，這邊就依照 Restful 的慣例來做設計，將 **noteId** 放在 URL 的 path 中，**defaultText** 放在 URL 的 query（註 6-2）。在 Navigation Compose 中，不管 parameter 放在哪，都可以由 **backStackEntry.arguments** 來取值。

以上是關於 Navigation Compose 的簡單介紹以及目前在本專案中的用法，想了解更多的讀者，請參考官方文件說明：https://developer.android.com/jetpack/compose/navigation

> 註 6-2 URL 的格式
>
> 在 URL（Uniform Resources Locator）的語法中，path 指的是以「/」字元區分的名稱，而 query 則是以「?」為起點，再使用「=」擺放名稱與資料，舉例來說 https://stickyNote.com/23?name=hello。其中 23 就是 path，name=hello 的部分是 query。

6.3　組件的生命週期以及作用域

在不同頁面中，可能都有其專屬的 ViewModel 以及 Repository，然而如果這些組件沒有好好的去控制生命週期的話，可能會發生以下幾種情況：

1. 當頁面關閉時，ViewModel 沒有隨著頁面一起回收，UI 狀態還會持續保留在 ViewModel 中，當下次開啟同一個頁面時，會因為使用同一個 ViewModel 而造成狀態錯亂。

2. 每個功能都有自己的 Repository，而每個 Repository 都設計成 Singleton 時，因為同一個時間不可能開啟所有頁面，所以有相當程度的記憶體容量是被浪費掉的。

其實在 6.2 節的程式碼中就發生了上述的第一個情況，由於 **EditTextViewModel** 目前是跟著 Activity 的，所以當頁面被關閉的時候，由於 Activity 還在，所以 **EditTextViewModel** 不會一起回收，而且等到下次開啟編輯文字頁面時還會用到同一個 **EditTextViewModel**! 那這時候該怎麼辦呢？我們先來看看 ViewModel 的基本運作機制吧！

ViewModel 的生命週期運作機制

以往大家所認識的 ViewModel 都是跟 Activity 或是 Fragment 綁在一起的，如果 ViewModel 是在 Fragment 中宣告，當 Fragment 被回收時，該 ViewModel 也會一起被回收，Activity 也是同理。那如果有一個 ViewModel 不想要跟 Fragment 的生命週期綁在一起而是要改成 Activity 的時候怎麼辦呢？很幸運的 Koin 也有提供 **sharedViewModel()** 這個函式來幫我們輕鬆做到這件事。

但是實際上 ViewModel 生命週期的運作機制是怎麼運行的呢？誰會有辦法去建立實例又在適合的時候進行回收呢？請看以下圖 6-3：

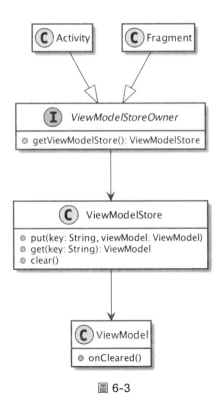

圖 6-3

　　Activity 以及 Fragment 都實作了 **ViewModelStoreOwner**，這是一個很簡單的介面，只有一個函式 **getViewModelStore()**，而這其實就是設計模式中的工廠模式《GoF 設計模式》，任何繼承這介面的實作，像是 Activity，他們的職責是負責生成 **ViewModelStore** 的實體。

　　接下來看看 **ViewModelStore** 這個類別，這個類別是一個儲存 ViewModel 的容器，**put()** 可以新增一個 ViewModel 到容器中，**get()** 則是從這個容器中拿出相對應的 ViewModel，**clear()** 用來結束這容器內所有 ViewModel 的生命週期。因此，**ViewModelStoreOwner** 可以藉由呼叫 **ViewModelStore** 的 **clear()** 來結束所有 ViewModel 的生命週期。舉例來說，Activity 就是在 **onDestroy()** 的時候呼叫 **clear()** 的。另外，**ViewModelStore** 的實作也非常簡單：

```
1.  // 請注意 ViewModelStore 的實作是 java
2.  public class ViewModelStore {
3.
4.      private final HashMap<String, ViewModel> mMap = new HashMap<>();
5.
6.      final void put(String key, ViewModel viewModel) {
7.          ViewModel oldViewModel = mMap.put(key, viewModel);
8.          if (oldViewModel != null) {
9.              oldViewModel.onCleared();
10.         }
11.     }
12.
13.     final ViewModel get(String key) {
14.         return mMap.get(key);
15.     }
16.
```

```
17.    Set<String> keys() {
18.        return new HashSet<>(mMap.keySet());
19.    }
20.
21.    public final void clear() {
22.        for (ViewModel vm : mMap.values()) {
23.            vm.clear();
24.        }
25.        mMap.clear();
26.    }
27. }
```

整體來說，ViewModel 的運作機制相當簡潔，也沒用到任何不必要的相依，不用跟 Activity 甚至是 Android 綁在一起，任何有實作 **ViewModelStoreOwner** 的實體都可以非常容易的去操作所有的 ViewModel 生命週期。

EditTextViewModel 的生命週期

本節的開頭有提到，因為目前 **EditTextViewModel** 的生命週期是跟 Activity 綁在一起的，接著我們又得知了實際上是因為 Activity 實作了 **ViewModelStoreOwner** 才能控制 ViewModel 的生命週期。因此，現在有一個很明顯的選擇：幫 **EditTextViewModel** 找到一個合適它的 **ViewModelStoreOwner**。

其實只要花點時間查看 Navigation Compose 的原始碼的話，應該不難發現其中有一個類別正好也實作了 **ViewModelStoreOwner**，而那個類別就是 **NavBackStackEntry**，讓我們來看看它的實作：

```
1.   public class NavBackStackEntry private constructor(
2.     ...
3.   ): LifecycleOwner,
4.       ViewModelStoreOwner,
5.       HasDefaultViewModelProviderFactory,
6.       SavedStateRegistryOwner {
7.
8.       public override fun getViewModelStore(): ViewModelStore {
9.
10.          ... // 省略不重要的程式碼
11.
12.          return viewModelStoreProvider.getViewModelStore(id)
13.       }
14.
15.       ...
```

看到第 12 行，**NavBackStackEntry** 在這邊委託了 **viewModelStore Provider** 來獲取 **ViewModelStore**，這樣的方式代表了 **ViewModelStore** 的數量不是只有一個，而是多個。而且該 **ViewModelStore** 還綁著一個相對應的 id，再繼續往下追的話，我們可以發現 **viewModelStore Provider** 的實作 -**NavControllerViewModel** 其實只是用一個 Map 的資料結構儲存所有的 **ViewModelStore**，如果在該 Map 沒有找到相對應的 **ViewModelStore**，就建立一個，請看下方第 13-19 行：

```
1.   internal class NavControllerViewModel : ViewModel(),
     NavViewModelStoreProvider {
2.       private val viewModelStores = mutableMapOf<String,
     ViewModelStore>()
```

```
3.
4.      ...
5.
6.      fun clear(backStackEntryId: String) {
7.          // Clear and remove the NavGraph's ViewModelStore
8.          val viewModelStore = viewModelStores.remove(backStackEntryId)
9.          viewModelStore?.clear()
10.     }
11.
12.
13.     override fun getViewModelStore(backStackEntryId: String):
    ViewModelStore {
14.         var viewModelStore = viewModelStores[backStackEntryId]
15.         if (viewModelStore == null) {
16.             viewModelStore = ViewModelStore()
17.             viewModelStores[backStackEntryId] = viewModelStore
18.         }
19.         return viewModelStore
20.     }
```

　　另外在第 6 行這邊，還有一個 **clear()** 函式，很明顯就是用來清除指定的 **ViewModelStore** 用的，接著再往下追，呼叫到這個函式的地方共有兩處：一個是 **markTransitionComplete()**，另一個是 **popEntryFromBackStack()**，其實還不用看到類別名稱，看到函式名字就可以推斷出 **clear()** 就是在一個頁面結束其生命週期時才執行的，追到到這裡就差不多了，可以推斷出大概的運作方式如圖 6-4 所示：

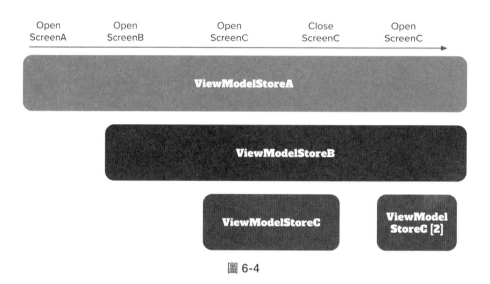

圖 6-4

　　讓我們假設一個情境，現在總共有三個不同的頁面 ScreenA、ScreenB、ScreenC，假設我們使用了 **NavBackStackEntry** 取得 **ViewModelStore** 的話，其各別就會相對應到了 ViewModelStoreA、ViewModelStoreB、ViewModelStoreC。在一開始的時候，打開了 ScreenA，到了最後也沒結束它，所以 ViewModelStoreA 一直都存在著。ScreenB 也是同理，但是 ViewModelStoreB 是在打開 ScreenB 的時候才會去建立的，在這個時候 ViewModelStoreA 跟 ViewModelStoreB 是同時存在的，因此我們其實可以在 ScreenB 拿到在 ScreenA 中建立的 ViewModel，因為 ViewModelStoreA 還沒被回收，他們就跟 Fragment 與 Activity 的關係一樣。接下來看到 ScreenC：在這段時間軸中，ScreenC 被建立了兩次，因此相對應的 ViewModelStoreC 也會不同，所以這兩次開啟 ScreenC 中的 ViewModel 也會是不同的實體。

　　因此其實我們的解法很簡單，**EditTextScreen** 只要使用當下 **backStackEntry** 來建立 ViewModel 即可！

```
1.  composable(Screen.EditText.route) { backStackEntry ->
2.    val viewModel by backStackEntry.viewModel<EditTextViewModel> {
3.        parametersOf(
4.            backStackEntry.arguments?.getString(Screen.EditText.
    KEY_NOTE_ID),
5.            backStackEntry.arguments?.getString(Screen.EditText.
    KEY_DEFAULT_TEXT),
6.        )
7.    }
8.    EditTextScreen(viewModel, onLeaveScreen = { navController.
    popBackStack() })
9.  }
```

　　這種物件有其生命週期的概念，在相依性注入的框架中又稱為**作用域**（Scope），不管是 Dagger2 或是 Koin 都有其相對應的操作方式，但是在套用一個新的函式庫時（像是這邊的 Navigation Compose），有可能這些相依性注入的框架還沒有辦法第一時間跟上，或是他的使用方式沒有合乎我們的預期時，我們就還是要去看原始碼了解其運作原理，對於一個資深工程師來說，應該要有能力去解決這樣的問題。

　　利用作用域的這個概念來解決問題是個比較乾淨的作法，但其實為了要解決這問題也是有其他解法，其中一個就是與生命週期相關事件做串接。如果是以是本節的例子來說的話，因為我們知道 ViewModel 將會被重用，所以可以在頁面被關閉時觸發在 ViewModel 自己寫的函式 **clearState()**，**clearState()** 這函式是為了將狀態清空而特地寫的。但是這種做法並不牢靠，你永遠沒辦法保證加新功能時還會記得去注意 clearState() 有沒有同時被照顧到。

6.4　小結

在本章中討論到了兩種不同的傳遞資料的方式，一個與應用程式核心領域高度重疊，另一個則是高度解耦，完全沒有程式碼相依於領域，這背後的目標就是要釐清目前的頁面到底需要掌握多少訊息，掌握的越多，領域知識就更加分散在不同頁面中，掌握的越少，頁面的封裝效果與獨立性就越好。接下來還有討論到了不同頁面相依組件的生命週期，沒有掌控好的話，輕則只有浪費了記憶體空間，重則有狀態錯亂造成的 bug。

當然實際專案遇到的情況會比這複雜很多，可能會有巢狀的頁面管理，或是有多個堆疊的狀況發生，但是基本上都會需要思考並釐清本章強調的兩個面向：耦合程度與作用域，只要將這兩個面向都做到好的話，相信在後續的維護上是非常有幫助的。

07

單元測試

一直以來,單元測試在手機端開發的優先順序中是被排在後面的,除了公司文化因素之外,另一個大家都不想做的原因可能是因為前端畫面變化速度過快,專案經理跟設計師三天一小改,五天一大改。那寫單元測試到底有沒有用呢?什麼情況寫比較好?

本章重點

▶ 單元測試能夠反映架構的風格、設計以及強化規格。

7.1 單元測試對於專案以及架構的影響

依筆者個人的過去經驗，有部分的開發者崇尚寫單元測試還有 TDD（註 7-1），另外一部分是相信自己寫的程式完全沒問題，不管是設計還是 bug 的數量都不會因為有了單元測試而有所區別，所以就不寫測試，當然還有最後一部分的人是找藉口不學習，覺得沒時間寫。

那筆者我是哪一種呢？我覺得是偏向中立的立場，單元測試跟 TDD 絕對是有幫助的，但是在現實中還是要針對各種狀況作取捨，並不是每一個專案都會使用 TDD 來做開發，像是本書中的便利貼專案為例，專案初期最重要的是技術可行性評估，在規格還不是那麼明確時使用 TDD 做開發是有點不切實際，當然開發人員這邊可以藉由 TDD 來主動推進擬定規格的進度，但我個人覺得成效不會太高。

註 7-1 **TDD (Test Driven Development)**

一種先寫測試，後寫產品程式碼實作的開發方式。請注意，這是一種開發方式，重點並不在寫的測試程式碼是否完美的保護各種邊界情況，而是這種開發方式可以幫我們將需求規格化，與產品端合作產出更有品質的產品程式碼。

強化規格

前期評估結束後，就可以跟團隊成員們一起擬定比較細部的規格，這時候 TDD 就可以派上比較大的用場。有的開發人員可能會覺得定義規格不是屬於他的工作範圍，而且認為提出需求的人要是沒有把規格定義好就是不專業的表現，但我個人不是很喜歡這樣的想法，我認為每個團隊成員都要對產品負責，好好的討論並同步想法有助於專案進行。而且就算產品經理將規格完美的定出來了，毫無邏輯漏洞，我相信開發人員也無法全部照單全收，沒有討論過的規格很有可能會有技術可行性上的問題。

討論規格時，最好是搭配實際的範例，可以讓整個場景更加完善，《Specification by Example》這本書有針對這主題做了很詳細的解說，以下是便利貼專案可能可以提出的範例：

當畫面上分別有兩張便利貼，其 id 各為 1 跟 2，點擊 id 為 2 的便利貼時：

選擇中的便利貼 ID	點擊後便利貼行為
無	id 為 2 的便利貼改為選擇中狀態。
1	id 為 2 的便利貼改為選擇中狀態。id 為 1 的便利貼取消選擇狀態。
2	id 為 2 的便利貼取消選擇狀態。

圖 7-1

這些範例其實就已經可以轉化成很具體的測試案例，用來執行 TDD。TDD 在進行到一半時，可能會發現邏輯上的漏洞，這時可以再跟團隊成員一起討論，進一步擬出更多測試案例，讓規格更加完善。可以輔助完成這些測試案例。

反應設計

　　但是現實中我們可能已經做了一些設計，無法遵循 TDD 的開發準則：「先寫測試程式碼，再寫產品程式碼」。這時候還是可以將測試即時補上，只是在寫測試的當下，就比較難驗證該測試是否能夠在預期的情況下**失敗**，只能驗證**成功**。補測試的難易度也取決於專案程式碼的乾淨程度，一個越乾淨，耦合程度越低的專案程式碼，就越容易補上測試。這時候也是反映架構設計的一道大關卡，一個好測試的架構通常也是等於易於擴充的架構。

　　就算補完了測試，每個測試也都很輕鬆的通過了，也不代表設計沒問題。這時候會發現的其他問題可能有：測試程式碼所表現出來的意圖不夠清晰、測試中有可能包含了意義不明的前置設定、測試程式碼的呼叫順序不合理、過多框架技術細節干擾等等。發現這些跡象都是好事，這代表了我們知道可以怎麼讓專案程式碼更好。

測試程式碼風格就是架構風格

　　專案成員對於架構的想法也會反過來大大的影響測試程式碼的樣貌，雖然我在上述段落說測試可以反應並改變設計，但是對於開發人員來說，當有一個既定的架構浮現在腦海中的話，所寫出來的測試程式碼就也會是用同一個思考框架為基礎去做撰寫。

　　舉例來說，要是我對於某一個功能的想法是，我需要主動對 View 進行操作：使用者可能點擊某個按鈕，這按鈕會更新頁面狀態，然後我就會使用這個新的狀態去更新 View，這時候寫出來的架構就會比較靠近 MVP，但是要是開發人員已經很熟悉 MVVM 的開發模式的時候，就不會想要去主動更新 View，而是採用其他做法。一樣的道理，一個習慣於響應式程式設計的開發人員，就會很容易的藉由單元測試設計出符合響應式程式設計範式的架構。

這種狀況對於使用架構函示庫（註 7-2）的專案更加明顯，專案與架構函示庫的耦合度也因為寫了測試而更加緊密了，你寫的所有測試，都會是這個架構函式庫的形狀。那這是好事還是壞事呢？筆者個人是不太喜歡，因為耦合程度越高也就表示彈性越低，增加新需求的修改難度就會更高。

註 7-2 架構函式庫

架構函式庫其中一個最知名的就屬於 Airbnb 的 Mavericks（MvRx）了，這些函式庫的主要訴求是快速套用架構模式，透過一些基礎設施元件來提升工程師的開發速度，減少 Bug 的數量。

作者小故事

筆者之前在某間公司任職時寫了很多 MVP 架構的測試程式，那時候是在邊寫邊學習的階段，但是寫了好幾個測試之後就產生了一些自我懷疑，因為那些測試只不過是在測點擊按鈕之後有沒有觸發 Repository 的某個函式，設定 mock 的程式碼還比產品程式碼長，而這些測試在 Presenter 中更是連一行 if else 判斷都沒有跑到。可能對於公司來說那時候我完全沒產值，但是這又何妨呢？從這過程中我的確學到了怎麼使用 Mock 物件來測試程式，如果寫這段程式的目的是學習的話，那我目的就已經達到了，並且得到了以下結論：有些時候為簡單的頁面寫測試是浪費時間的行為。

如果你還沒寫過單元測試…

接下來的章節內容需要讀者對於單元測試有一定程度的了解，如果還不是很了解單元測試的話，建議讀者可以先自行補充單元測試基本知識，像是 3A 、FIRST 原則還有 Mock 相關知識，有了這些知識後，才能比較好吸收下面的章節內容。如果想要比較有系統性的學習的話，我推薦大家可以去讀讀《單元測試的藝術》還有《Kent Beck 的測試驅動開發》，這兩本都是非常棒的學習資源。

7.2 便利貼專案中的單元測試

由於架構分層分的很乾淨，需要測的類別只有 **EditorViewModel** 與 **EditTextViewModel**。所以就先從 **EditorViewModel** 最簡單的測試案例開始看吧！我們採取的策略是從 **EditorViewModel** 的第一個公開變數或是函式開始看到最後起，如果發現某一個函式是值得測的，就幫它加上單元測試，一直看到最後。看起來這個方法有點笨而且缺乏組織，但是卻可以讓測試覆蓋率儘可能的高，同時又可以審視設計的合理性。好了！說完了作法之後，現在就列出目前所有需要測試的公開欄位以及函式。

```
1.  val allNotes: Observable<List<Note>>
2.  val selectingNote: Observable<Optional<Note>>
3.  val selectingColor: Observable<YBColor>
4.  val openEditTextScreen: Observable<Note>
5.
6.  fun moveNote(noteId: String, positionDelta: Position)
```

```
7.  fun addNewNote()
8.  fun tapNote(note: Note)
9.  fun tapCanvas()
10. fun onDeleteClicked()
11. fun onColorSelected(color: YBColor)
12. fun onEditTextClicked()
```

讓我們先從 **allNotes** 開始寫測試：

```
1.      private val noteRepository = mockk<NoteRepository>(relaxed = true)
2.
3.      @Test
4.      fun loadStickyNoteTest() {
5.          every { noteRepository.getAllNotes() } returns
    Observable.just(fakeNotes())
6.
7.          val viewModel = EditorViewModel(noteRepository)
8.          val testObserver = viewModel.allNotes.test()
9.          testObserver.assertValue(fakeNotes())
10.     }
11.
12.     private fun fakeNotes(): List<Note> {
13.         return listOf(
14.             Note(id = "1", text = "text1", position = Position
    (0f, 0f), color = YBColor.Aquamarine),
15.             Note(id = "2", text = "text2", position = Position
    (10f, 10f), color = YBColor.Gorse),
16.             Note(id = "3", text = "text3", position = Position
    (20f, 20f), color = YBColor.HotPink),
17.         )
18.     }
```

這邊使用的 mock 測試框架是 mockk，mockk 可以讓我們用很直觀的語法去表達測試的意圖，在接下來的測試中，我們將會使用同一個變數 noteRepository 做測試，也都會使用第 12 行中的 fakeNotes() 當作預設的便利貼資料。

在第 4 行這邊，從測試名稱 loadStickyNoteTest 可以看出，這是一個讀取便利貼資料的測試，因此這個測試只是在驗證 EditorViewModel 有沒有發出跟 NoteRepository 一模一樣的便利貼資料而已，是一個相當簡單的測試。接下來我們再來看看下一個測試：

```
1.      @Test
2.     fun 'move note 1 with delta position (40, 40), expect
   noteRepository put Note with position (40, 40)'() {
3.         every { noteRepository.getAllNotes() } returns Observable
   .just(fakeNotes())
4.
5.         val viewModel = EditorViewModel(noteRepository)
6.
7.         viewModel.moveNote("1", Position(40f, 40f))
8.
9.         verify { noteRepository.putNote(
10.            Note(id = "1", text = "text1", position = Position
   (40f, 40f), color = YBColor.Aquamarine)
11.        ) }
12.    }
```

這邊開始的測試名稱有點不同了，有很多不同的命名方式可以用來命名單元測試函式名稱，這裡我選擇的是 When_Condition_Expect_Result（註 7-3），這種命名方式能夠良好的描述測試場景，讓閱讀者馬上就能知道這測試在做什麼。

註7-3 單元測試函式的命名規則

單元測試有各種不同的命名方式，其中包含了 UnitOfWork_ expectedBehavior_ScenarioUnitTest 還有本書中的 When_Condition_Expect_ Result。想了解更多的，可以參考該網頁的內容：https://methodpoet.com/ unit-test-method-naming-convention/。

這個測試案例驗證了便利貼有沒有從（0, 0）移動到了（40, 40），但是這個案例有點太單純了，為了保險起見，我還加了下面這一個測試案例：

```
1.      @Test
2.      fun 'move note 2 with delta position (40, 40), expect
     noteRepository put Note with position (50, 50)'() {
3.          every { noteRepository.getAllNotes() } returns Observable.
     just(fakeNotes())
4.
5.          val viewModel = EditorViewModel(noteRepository)
6.
7.          viewModel.moveNote("2", Position(40f, 40f))
8.
9.          verify { noteRepository.putNote(
10.             Note(id = "2", text = "text2", position = Position
     (50f, 50f), color = YBColor.Gorse)
11.         ) }
12.     }
```

這個測試案例則是在驗證便利貼有沒有從（10, 10）移動到了（50, 50），藉此保證了 **EditorViewModel** 真的有在做位置的計算而不是直接取代。

```
1.      @Test
2.      fun 'addNewNote called expect noteRepository add new note'() {
3.          every { noteRepository.getAllNotes() } returns Observable.
    just(emptyList())
4.
5.          val viewModel = EditorViewModel(noteRepository)
6.          viewModel.addNewNote()
7.
8.          verify { noteRepository.createNote(any()) }
9.      }
10.
11.     @Test
12.     fun 'tapNote called expect select the tapped note'() {
13.         every { noteRepository.getAllNotes() } returns Observable.
    just(fakeNotes())
14.
15.         val viewModel = EditorViewModel(noteRepository)
16.         val selectingNoteObserver = viewModel.selectingNote.test()
17.         val tappedNote = fakeNotes()[0]
18.         viewModel.tapNote(tappedNote)
19.
20.         selectingNoteObserver.assertValueAt(0, Optional.empty())
21.         selectingNoteObserver.assertValueAt(1, Optional.of
    (tappedNote))
22.     }
```

　　addNewNote() 的測試相當簡單就不說明了。但是 **tapNote()** 的測試就比較有趣一點，由於我們選擇了響應式程式設計，所以單元測試自然而然的也會有點「**響應式**」的味道，為了要驗證便利貼選擇前後的差別，在第 20 跟 21 行中個別驗證了一次，第 0 次應該是空的，第 1 次應該要選擇被點擊的便利貼。

```
1.      @Test
2.      fun 'tapCanvas called expect clear the selected note'() {
3.          every { noteRepository.getAllNotes() } returns Observable.
    just(fakeNotes())
4.
5.          val viewModel = EditorViewModel(noteRepository)
6.          val selectingNoteObserver = viewModel.selectingNote.test()
7.          val tappedNote = fakeNotes()[0]
8.          viewModel.tapNote(tappedNote)
9.          viewModel.tapCanvas()
10.
11.         selectingNoteObserver.assertValueAt(2, Optional.empty())
12.     }
```

　　tapCanvas() 的測試就沒有辦法這麼單純了，需要一點前置設定才能確保清空選擇狀態有被正確的執行，第 8 行的 **tapNote()** 就是在做這樣的事，這測試其實有點違反了單元測試的獨立性原則，如果 **tapNote()** 有問題（像是丟出例外），這測試也有可能會失敗，但以目前來看這還不是一個很嚴重的問題，可以暫時先忽略，以後再來想辦法改進。

```
1.      @Test
2.      fun 'onDeleteClicked called expect clear the selected note'() {
```

```
3.        every { noteRepository.getAllNotes() } returns
   Observable.just(fakeNotes())
4.
5.        val viewModel = EditorViewModel(noteRepository)
6.        val selectingNoteObserver = viewModel.selectingNote.test()
7.        val tappedNote = fakeNotes()[0]
8.        viewModel.tapNote(tappedNote)
9.        viewModel.onDeleteClicked()
10.
11.       selectingNoteObserver.assertValueAt(2, Optional.empty())
12.    }
13.
14.    @Test
15.    fun 'onDeleteClicked called expect delete the note in
   noteRepository'() {
16.       every { noteRepository.getAllNotes() } returns
   Observable.just(fakeNotes())
17.
18.       val viewModel = EditorViewModel(noteRepository)
19.       val tappedNote = fakeNotes()[0]
20.       viewModel.tapNote(tappedNote)
21.       viewModel.onDeleteClicked()
22.
23.       verify { noteRepository.deleteNote(tappedNote.id) }
24.    }
```

　　onDeleteClicked() 的測試我分成兩個，雖然前置條件一樣是 tapNote，
執行的動作也一樣是 onDeleteClicked，但是驗證的部分卻分開成了兩
個測試，一個驗證選擇狀態，另一個則是驗證 noteRepository 的操作，
這樣做可以讓單元測試失敗的時候更容易知道發生錯誤的原因。

相信很多人應該都有看過或寫過一個單元測試塞了滿滿的 assert 的情況，寫的當下很方便，但是實際發生失敗時是會有困擾的，你無法在第一時間知道是哪個部分出了問題，這時候 debug 花的時間說不定會比一開始省去的時間還長。

另外在這兩個測試中還存在一個隱性的假設：在 **tapNote()** 執行完之後，畫面上就會顯示選單，然後才有辦法點擊刪除按鈕。但是在這測試案例當中完全沒有提到選單，好像它完全不重要似的，這跡象表明了這邊的設計存在某種程度的問題。

```
1.      @Test
2.      fun 'onEditTextClicked called expect openEditTextScreen'() {
3.          every { noteRepository.getAllNotes() } returns Observable.
    just(fakeNotes())
4.
5.          val viewModel = EditorViewModel(noteRepository)
6.          val openEditTextScreenObserver = viewModel.openEditTextScreen.
    test()
7.          val tappedNote = fakeNotes()[0]
8.          viewModel.tapNote(tappedNote)
9.          viewModel.onEditTextClicked()
10.
11.         openEditTextScreenObserver.assertValue(tappedNote)
12.     }
13.
14.     @Test
15.     fun 'tapNote called expect showing correct selectingColor'() {
16.         every { noteRepository.getAllNotes() } returns Observable.
    just(fakeNotes())
17.
```

```
18.          val viewModel = EditorViewModel(noteRepository)
19.          val selectingColorObserver = viewModel.selectingColor.test()
20.          val tappedNote = fakeNotes()[0]
21.          viewModel.tapNote(tappedNote)
22.
23.          selectingColorObserver.assertValue(tappedNote.color)
24.      }
25.
26.      @Test
27.      fun 'onColorSelected called expect update note with selected
    color'() {
28.          every { noteRepository.getAllNotes() } returns Observable.
    just(fakeNotes())
29.          val selectedColor = YBColor.PaleCanary
30.
31.          val viewModel = EditorViewModel(noteRepository)
32.          val tappedNote = fakeNotes()[0]
33.          viewModel.tapNote(tappedNote)
34.          viewModel.onColorSelected(selectedColor)
35.
36.          verify { noteRepository.putNote(
37.              Note(id = "1", text = "text1", position = Position
    (0f, 0f), color = YBColor.PaleCanary)
38.          ) }
39.      }
```

最後的這三個測試相對簡單，就不詳細解說了，另外如果對 **EditTextViewModel** 測試有興趣的讀者，可以自行前往 github 專案中閱讀，因為該測試中沒有特別的新概念，再加上本書篇幅有限，就不附上了。

7.3　小結

回到本中開頭所講的,到底甚麼時候寫單元測試才適合,到底有沒有用?以便利貼應用程式來說,其實老實說效果有限,目前的專案中的需求相當簡單,不用藉由 TDD 也能很好的寫出完整的規格,也不太容易不小心改壞,經驗豐富的開發者也能夠不寫測試就知道要怎麼解耦,那寫測試還是有用的嗎?

但在寫單元測試的過程中,我們還是確定了選單的這概念對於目前這架構是重要的,為未來的架構設計上多了一個明確的方向。

最後,雖然在這專案中只針對 ViewModel 的部分寫測試,這部分比較偏向使用者行為與 UI 互動,但是有些時候我們會寫純粹商業邏輯的測試,例如商品折扣的計算,單位換算等等,關於這些類型的測試,雖然在本書中沒有相關範例,但我相信大家都不會懷疑它的實用性。

Note

08

Chapter

套件結構

MVVM 將專案分組為三大區塊，很自然而然的，這三個區塊的程式碼會存放在不同的檔案中，當檔案越來越多時，就必須得用某種方式來管理這些檔案，在 Java 或是 Kotlin 的世界中，我們管理檔案的方式就是利用套件結構，套件結構除了跟真實的使用資料夾結構一模一樣之外，在發布時也存在其獨立性，不能與其他引用的函式庫互相衝突，本章將與大家分享一些套件管理的相關原則。

本章重點

▶ 低耦合、高內聚是套件設計的大原則。

▶ 套件設計的其他面向：尖叫的架構、水平以及垂直分割。

8.1 套件結構的管理

在《Clean Architecture》這本書當中，作者 Uncle Bob 提出了會尖叫的架構（註 8-1）這概念：當你在看一個專案的檔案結構時，如果能夠立即辨識並大叫說：「這是一個 XX 應用程式！」，這就代表這專案的檔案結構有在尖叫。雖然到現在還是不太懂為什麼架構是向我們尖叫而不是大叫，但這不是重點，重點是他強調了檔案結構本身應該能清楚的表達其意圖。

註 8-1 尖叫的架構

假設打開專案結構的第一眼看到了 chat、profile、login、room 等關鍵字，應該馬上就能判別這是一個聊天室應用程式，相反的，如果一打開專案結構看到的是 activity、fragment、network、database 的話，你根本認不出來這是一個怎樣的產品。

大家一定看過像圖 8-1 這樣的套件組織方式，最上層的套件名稱為：Activity、Fragment、ViewModel、Repository 等等。在每一個套件內都有超過 10 個檔案，這很明顯的不是一個好的組織方式。首先，當專案越來越大時，套件裡的類別就會越塞越多，其次，這套件結構沒有在「尖叫」。依我看來，將 Activity 跟 Fragment 分開只是因為實現技術上他們是不同的類別，沒有其他特別的原因將它們放在一起。然而一但有需求變更，相同功能的 ViewModel 與 Fragment 就要一起更改，為了來回修改以及對照，我們就得要打開不同的套件，搜尋名稱，然後完成修改，這是一個非常痛苦的過程。也因為如此，將相同特性的類別放在一起才是一個比較合理的選擇。

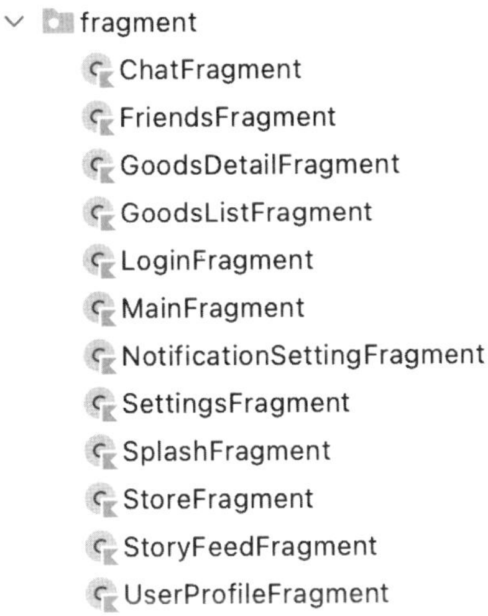

```
∨ ▸ fragment
     ⌾ ChatFragment
     ⌾ FriendsFragment
     ⌾ GoodsDetailFragment
     ⌾ GoodsListFragment
     ⌾ LoginFragment
     ⌾ MainFragment
     ⌾ NotificationSettingFragment
     ⌾ SettingsFragment
     ⌾ SplashFragment
     ⌾ StoreFragment
     ⌾ StoryFeedFragment
     ⌾ UserProfileFragment
```

圖 8-1　使用技術實現類別來分組套件

　　將相同特性的類別放在同一個套件底下，其實就低耦合、高內聚的延伸到套件層級的一種實踐，請記住：低耦合、高內聚是套件結構分割的大原則（註 8-2），有的時候會跟其他原則有所衝突，但是低耦合、高內聚的優先權應該要高於其他。

註 8-2 **套件設計的原則**

在《無瑕的程式碼 敏捷完整篇》這本書中列出了套件設計的六個原則，其中三個是耦合原則，另外三個則是內聚原則，非常推薦大家去看。

水平分割與垂直分割

　　水平分割與垂直分割是兩種最常見的套件組織方式，水平分割的邊界是多層式架構的層級，垂直分割的邊界則是各個獨立的功能或領

域，也可以稱呼為 package by layer 以及 package by feature，如下圖 8-2
所示：

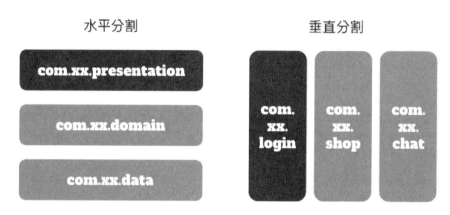

圖 8-2　水平分割與垂直分割

　　以大型專案來説，通常是結合了以上兩種分割方式，前面依照功能
來去做垂直分割，接下來才是依照不同層級的水平分割，但有時候會遇到
某些情況無法做完美的切割，例如便利貼專案中的便利貼編輯器與編輯
文字功能看似是可以先用做垂直分割的方式來分組，但是背後所用到的
Repository 卻是同一個，想要分成 3*2=6 個獨立的套件是有問題的（3 的
部分是水平分割 MVVM，2 的部分是垂直分割），而且我也不建議為了達
成完美切割而硬多出一個冗餘的 Repository，這樣是有點過度設計的。

共享套件

　　開發程式的過程中，一定免不了抽取出共通的邏輯或是一些靜態方
法，或是自行開發的基礎設施（infrastructure）模板類別，這些套件應
該要怎麼組織呢？我所習慣的方式是公司名稱‧用途，雖然這樣的組織

方式因為層級比產品功能高而讓會讓檔案結構不容易「尖叫」，但是我覺得這是可以接受的，因為只要閱讀的人多展開一層就能看到專案的特性，而且有產品名稱的套件會讓人想先去瀏覽與點擊，所以不用太擔心。以下列出幾個常出現的套件命名：

套件名稱（公司名為 **com.yanbin**）	對應用途
com.yanbin.common	共用資料結構，像是 Triple、Point 等
com.yanbin.network	基礎網路設施設定
com.yanbin.utils	對框架既有元件的擴展，像是 BitmapUtils。
com.yanbin.design	作為基底的設計系統，內容可能包含了顏色、字型以及常用 UI 元件定義等

表 8-1

8.2　存取修飾子

在 Java 設計類別時我們有很多不同的存取等級：public、protected、private、package（預設值）。在這種設計中，好好的利用 package 存取等級的話，可以很大程度的對外隱藏很多資訊，讓我們無法存取在其他套件中被隱藏起來的類別。

舉例來說，如果 com.yanbin.a 套件中有一個 package 存取權限的 Car 類別，在 com.yanbin.b 套件中，是沒有任何方式可以存取到該類別的。但是 kotlin 沒有走一樣的路，取而代之的是與模組存取權限相連的 internal 修飾子。

在這邊我先假設大家都已經在使用 kotlin 來當作第一優先的開發語言，沒有了 package 存取限制，我們再也無法簡單的限制類別之間的可見度，這樣看上來的確是個壞消息，程度不好的開發者可能會不小心呼叫了不應該存取的類別。但是如果為了預防這件事，建立多模組專案開銷又好像有點太大了。

往好的方向想，我們不用再花那麼多時間在意套件的封裝性了，而是往上提升到用模組來組織類別的聚合以及封裝性，那除了封裝性之外，這兩個存取權限還有什麼差別呢？以下總結幾點：

1. **循環依賴**：模組存取權限能夠很有效的避免循環依賴（註 8-3）的問題，畢竟在編譯專案時，編譯器在編譯期間如果發現模組之間有循環依賴的關係，是無法編譯成功的，但是套件跟套件之間卻可以很輕易的互相引用，沒有這方面的限制。

2. **存取限制**：套件存取權限其實提供了一個走後門的可能性：即使是引用了別人的函式庫，如果知道準確的套件名稱，就可以自己建立套件的資料夾，並且在該套件中繼承或是呼叫想要操作的類別，就可以存取到你原本不應該能夠接觸到的類別，但是模組順取權限就沒辦法這麼簡單存取得到被保護起來的類別。

註 8-3 循環依賴 (Circular dependency)

當類別 A 依賴於類別 B，類別 B 依賴於類別 C，類別 C 又依賴於類別 A 時，會形成一個迴圈，我們稱之為循環依賴。這是一種反模式，應盡量避免。好的依賴應該是單向依賴，不應該有迴圈發生。

作者小故事

正因為套件存取權限沒有辦法完全隱藏該被保護的類別，筆者之前就因為知道有這樣的特性而做了一些「壞事」，具體的細節已經忘的差不多了，但我還依稀記得那是屬於 android.support.design.widget 套件的類別，為了解決那時的問題，必須要覆寫該類別函式的行為，該函式原本是設計為 package 存取權限的。為了能夠順利修改該行為，除了原本在專案中就有的套件之外（例如 com.yanbin.chat），我另外在專案中手動新增了 android.support.design.widget 套件，並且在該套件中建立了一個類別繼承它（舉例來說：MyRecyclerView extends RecyclerView），這樣一來，我就可以使用原本無法存取的 package 權限函式了。

8.3　便利貼專案中的套件結構

圖 8-3、8-4、8-5 中列出了本專案的套件結構：

```
∨ 📁 com.yanbin
  ∨ 📁 reactivestickynote
    > 📁 data
    > 📁 di
    > 📁 domain
    > 📁 model
    > 📁 ui
      🔵 MainActivity
      🔵 NoteApplication
  ∨ 📁 utils
    🔵 ComposableExtensions.kt
    🔵 RxExtensions.kt
```

```
∨ 📁 data
    🔵 FirebaseNoteRepository
    🔵 InMemoryNoteRepository
    🔵 NoteRepository
∨ 📁 di
    🔵 NoteModule.kt
∨ 📁 domain
    🔵 EditorViewModel
    🔵 EditTextViewModel
∨ 📁 model
    🔵 Note
    🔵 Position
    🔵 YBColor
```

圖 8-3　專案套件結構總覽　　圖 8-4　展開 data, di, domain 與 model

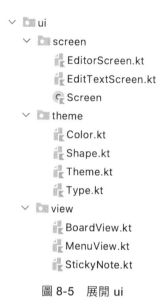

圖 8-5　展開 ui

目前的套件結構只採用了水平分割（也就是 data, domain, ui），原因是因為目前的功能並沒有多到需要使用垂直分割來分類，而且每個套件內部都沒有超過 5 個不同的類別，所以以高內聚跟低耦合的角度來看，這樣的分配方式是沒問題的。至於另外兩個套件 di 以及 model 的話，model 主要負責存放每一層都會用到的資料格式，di 是存放相依性注入相關的設定，di 套件其實可有可無，但是有還是比較好一點。最後剩下來兩個沒分類的 **MainActivity** 與 **NoteApplication** 屬於主元件（章節 3.4 主元件），不需要特別分一個套件。

除此之外，這專案中還有一個共享套件：com.yanbin.utils。由於裡面的內容沒有任何便利貼應用程式的領域知識，所以套件名稱不需要放在 com.yanbin.reactivestickynote 底下。

深度剖析

NoteRepository 要放在 data 套件還是 domain 套件呢？直覺上來看，應該是要放在 data 套件，因為這的確是一個處理資料的類別。但是如果以 Clean architecture 的觀點上來說，NoteRepository 是一個存取領域模型的重要類別，應該要放 domain 套件比較對。而且更重要的是，根據相依原則（章節 9.2 相依原則），NoteRepository 與 EditorViewModel 應該都是屬於核心類別才是，至於 NoteRepository 的實作 FirebaseNoteRepository 是屬於外層的細節，所以他們應該要被分配在不同的套件中，這樣做的話套件之間就可以有很明顯的邊界跟相依關係。

這個問題一樣沒有標準答案，如果注重「聚合性」比較多一點的話，就選 data，如果注重架構的「嚴謹性」多一點的話，就選擇 domain。

　　那這樣的套件結構有沒有在「尖叫」呢？嚴格上來說並沒有，但是目前專案內容還太少，所以我覺得目前只看到技術分層為主的水平分割是可以接受的，等到專案越來越大，我們再讓架構叫起來也不遲。

8.4 小結

　　套件結構作為第二部的結尾，有一點重新審視專案的感覺，我常常會在功能開發進行尾聲時，重新看看專案中的套件結構合不合理，順便回憶一下在這當中最喜歡的設計以及想要再改進的設計，在這過程中常常會有意想不到的發現，作為下個功能開發的靈感，不知道讀者們在看到便利貼專案中的套件結構時第一個想到的是什麼呢？如果是你，你又會怎樣去分類？

第三部

在既有的的功能上新增新需求時，有時候看起來只是一個簡單的概念，但實際上卻會在程式架構上造成很大的影響，這時候如果因為趕時間而不想修改架構的話，通常會到處加入了很多奇怪的條件判斷式。當這類需求越加越多時，條件以及邏輯判斷會越來越盤根錯節，最後就會到達沒人可以修改的地步。

當應用程式太過臃腫時，重新設計架構是一個很明顯的選項。假如這次成功推翻前人的設計，花了一大段時間，順利上線了，但是又該如何確保這個設計不會再被後面的人給推翻呢？在本書的最後，作者想跟大家分享一下當遇到重新設計的狀況時，可以採取哪些策略，還有要如何精準的設計出一個剛剛好，不會太多也不會太少的架構。

09

Clean architecture

Clean architecture 在這幾年來漸漸變成架構的顯學,尤其作者又是軟體界非常著名的大師 - Uncle Bob,但由於書中並沒有提供實作範例,在 Android 開發上又該如何實踐呢?本章中將會嘗試套用現在主流開發模式:根據不同商業邏輯去切分出一個個的 Use Case,以此達到職責分離的目標。乍看之下這是一個非常乾淨的架構分層,但是這樣的架構分層真的是最好的選擇嗎?你真的在這時候需要它嗎?

本章重點

▶ 架構跟情境是息息相關的,沒有一個完美的架構適合每一個應用程式。

▶ 依賴原則可以有效的隔離出抽象與實作細節。

▶ 導入新概念時應該謹慎思考當中的利與弊,避免落入盲目追求潮流的思維中。

9.1　軟體架構

定義軟體架構是一件很困難的事，在《軟體架構原理 工程方法》中，作者提到了有些人認為架構是系統的藍圖，有些人則認為是系統的路線圖，但與其去鑽研軟體架構的定義，我個人比較喜歡著重在好的軟體架構帶來的結果，在我看過的書中，最喜歡《Clean Architecture》中的這句話：「To build a system with a design and a architecure that minimize effort and maximize productivity」。

架構特性的取捨

將勞力最小化與產值最大化可以體現在各種不同的特性中，像是可用性、可靠性、可擴展性、可修改性、效能、易學性、可讀性等等，當我們做了一個技術決策，通常會再增強架構中的某幾個特性，但是也會降低架構中的另外幾個特性，舉例來說，當我們非常注重某個程式碼片段的效能，這個程式碼片段的可讀性與易學性就會降低。

套用架構模式也是同理，套用了架構模式在某種層面上其實就是在專案程式碼中加上了一層限制，限制了開發者不能隨意將程式碼全部寫在同一個類別中，必須依照一定的準則與規範將相對應的程式碼放在對的類別中，以此達到職責分離的效果，因此可讀性與一致性是相當高的。但是相反的，也因為這些限制，而有可能阻擋了效能優化的可能性，以及降低了因應未來需求的可修改性，對於一個快速變化的產品中，套用過於嚴謹的框架可能不是一件好事。

對於一個人數少，充滿經驗豐富開發者的團隊中，可修改性高是一件好事，每個經驗豐富的開發者可以依照自己的判斷，分析從產品端來的需求，與團隊討論，寫出高品質的程式碼與架構。但是對於一個人數相對多，程度不一的團隊中，這麼高的可修改性會是一個累贅，如果沒有一個準則可以去依循，資淺的開發者寫出的低品質程式碼可能會過不了程式碼審查（code review），反覆提交拖慢了整體開發速度。

架構的不同視角

我們可以用許多不同的模型或是圖片來描述同一個專案的軟體架構，一個模型只專注在描述軟體架構的其中一個面向，像是現在的便利貼專案，我們可以用多層式架構、MVVM 或是使用流程圖來描述他，多層式架構描述了每層之間不同的職責，流程圖則描述了在這專案中使用響應式程式設計傳遞資料的流程。

另外，單一模型無法説明架構的全貌，在多層式架構中，沒有主元件（章節 3.4 主元件）層，也沒有 Util 層，也無法從圖中得知這是一個響應式程式風格的專案，但我們也不需要因此將所有的要素硬加在同一個模型中，有著太多細節的模型會降低模型的易學性，讓人摸不清重點。

單一專案可以擁有多個架構樣式

以往我們熟悉的架構討論都是著重在 MVP、MVVM 或是 MVI 的選擇，但是這些架構模式的選擇其實只有著重在顯示層與商業邏輯層的溝通方式，沒有描述到功能與功能之間職責的切分，或是持久層與資料快取之間的存取策略，還有頁面切換等問題。

其他像是 Clean Architecture 放了蠻多重點在相依反轉原則，將技術細節與核心領域邏輯分開，因此可以任意抽換技術實作，包含資料庫、前端平台、網路框架等等。所以 Clean Architecture 與 MVVM 不是互斥的，選擇 Clean Architecture 並不代表你不能宣稱你的專案是 MVVM 架構模式。

一個應用程式的不同功能也有可能使用不同的架構樣式，一些基本需求像是登入頁面或是個人設定等等使用 MVVM 就非常足夠了，但是遇到複雜度極高的功能像是地圖導航或是文字編輯器這種有高互動性的畫面，就不是只有單靠 MVVM 可以處理得了的，就算是導入了 Clean Architecture，也不見得能夠解決所有的問題，可能需要設計出專門處理特定領域問題的模組或是框架。

舉個另一個例子，如圖 9-1 所示，一個與運動手錶裝置同步的應用程式，可能會需要一個事件驅動的架構用來跟這個裝置溝通，將統計資料快速的同步到手機的資料庫中，另一方面為了顯示統計資料在畫面上，在畫面、商業邏輯與資料之間的互動則可以使用多層式架構。因此在這個應用程式的架構是一個事件驅動架構與多層式架構的組合。

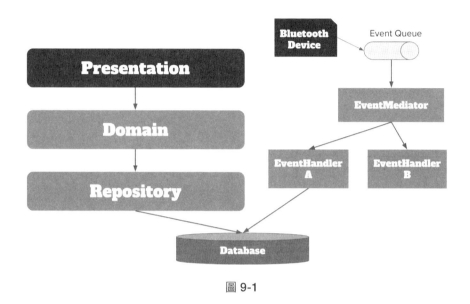

圖 9-1

作者小故事

筆者剛開始當工程師時在前輩的協助下完成了一個事件驅動的架構，當藍
芽裝置需要跟應用程式同步時，會不間斷的持續傳送資料到手機端這邊，
如果這時候使用單一執行緒處理所有任務的話可能會丟失資料，於是當時
使用了 EventBus 這個函式庫幫我處理這方面的需求，一開始先將位元組
資料轉成資料結構，接著 EventBus 會幫我分發到這些資料結構該去的地
方處理接下來的任務，最後專案很順利的結案了。順帶一提，下一個專案
的需求很非常類似，在重用同一個架構之後專案以不到兩個禮拜的時間內
完成。

這個案例很有趣的一個點是，專案中完全沒有用到 MVC、MVP 或是
MVVM 當中的任何一個架構模式，就算套用了當中的任何一個模式，也
沒辦法解決多執行緒處理任務的問題，因為這根本也不是這些架構模式要
解決的問題不是嗎？我很感激這樣的經驗，這經驗讓我避免困在架構設計
等於 MVX 架構模式的思維當中。

軟體架構的最佳實踐

當開發者解決了一些困難的技術問題，或是發現了一些模式，就會想分享他們在這些過程中的發現，而產生出了所謂的**最佳實踐**（Best practice），然而**最佳實踐**的這個名稱，會誤導資淺工程師們去當做唯一的準則。像是有些 MVI 的擁護者們會宣稱這樣的架構是 Android 的最佳實踐，的確這樣的架構在畫面的資料管理上相當統一，畫面上的使用者輸入統一封裝成 **ViewEvent**，畫面的輸出是一個單一個 **ViewState**。在這樣的架構下單向資料數據流（章節 5.3 單向數據流）可以被確保，不會有混亂的資料不一致現象。但是這樣的架構如果用在 Google Map 上，View 層負責顯示各街道的名稱，餐廳圖示，定位點，導航路線等等，如果這些都是使用一個大 **ViewState** 物件來包含這些狀態的話，很容易就可以想像效能會有非常大的損耗。

那最佳實踐到底存不存在呢？當然是存在的，不過前提是要將問題限縮在特定領域上，或是特定上下文當中。一樣以 MVI 架構模式為例，在列表型 UI 就有很大的優勢，列表型 UI 通常會在錯誤狀態、讀取狀態、列表狀態這幾個狀態之間做切換，將這些狀態封裝在同一個類別中可以避免變數之間的衝突（例如 isLoading = true 而且 data.size > 0 的時候應該要怎樣顯示）。

另外值得一提的是，有一本談論架構的書：《軟體架構：困難部分》。在這本書中作者提倡大家不要追求最佳實踐，每個新問題都有一個新的挑戰，為了解決這個新問題必然會有很多權衡取捨，在眾多的取捨下會得到一個決定。這個決定不會是「最佳」的決定，因為「最佳」

的決定不存在，而是應該考慮最「不差」的決定，在眾多差的決定中選出一個比較不差的那個出來。

9.2　Clean architecture

　　就像前面提到的，Clean architecture 的作者並沒有提供具體的實作範例，取而代之的是滿滿的軟體設計原則，只要讀懂了這本書的所有設計原則，應該是要可以自己做出屬於自己的一套 Clean architecture 的。以下介紹在該書中我認為最需要掌握的幾個原則：

依賴原則

　　抽象不應該依賴實作細節，反之，實作細節應該依賴抽象。抽象在這本書中還有另外一個稱呼：high-level policy，指的是在應用程式中最核心的商業邏輯，商業邏輯本身應該能夠獨立運作，不管是手機的 UI，終端機指令或者是單元測試，都能夠有辦法自由操作並驗證商業邏輯，這樣做的好處有很多，其中一個是 high-level policy 是可以很輕易的去做單元測試的，另外一個好處是容易抽換假實作，像是本書中的前面所示範的，我使用簡單的 **InMemoryNoteRepository** 來快速實驗手勢操作應該要怎麼實做，等到 View 跟 ViewModel 都完成之後，再來研究比較困難的實作細節，也就是 **FirebaseNoteRepository**。

　　對於目前的便利貼 App 來說，high-level policy 是 **EditorViewModel** 以及 **EditTextViewModel**，其他則都是實作細節，這些實作細節目前是

容易抽換的，像是要把 View 從 Jetpack Compose 改成 Android View 的話，也不需要動到 ViewModel。所以這個 App 是符合依賴原則的，如圖 9-2 所示：

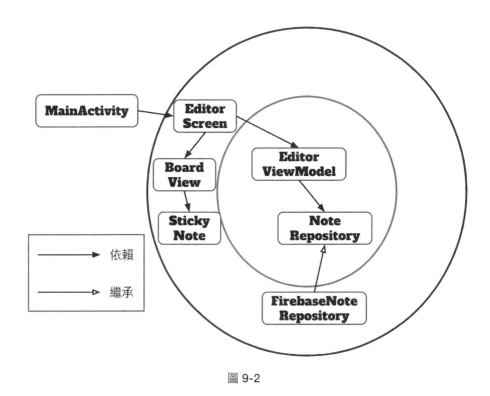

圖 9-2

在依賴原則中有一個固定的方向性：外層指向內層，說的更白話一點，就是誰會去引用（import）誰，以往我們很習慣的方向是從 View 一路往下指，但在這張圖中的最下方卻又往回指了回來，這是因為 FirebaseNoteRepository 實作了 NoteRepository 介面，所以類別的相依關係就會是實作的類別引用了介面，方向反了過來，這樣子方向反轉的現象，我們也稱作為「依賴反轉原則」。

邊界

在圖 9-2 中，裡面的圓跟外面的圓有一個明顯的邊界。在左上角的部分，這個邊界在 **EditorScreen** 跟 **EditorViewModel** 之間，這對我們大家來說應該是非常熟悉的，這跟多層式架構中的邊界是一樣的，但是為什麼另外一條邊界是畫在 **NoteRepository** 與 **FirebaseNoteRepository** 之間，而不是 **EditorViewModel** 與 **NoteRepository** 之間呢？

邊界的兩端是為了要區分兩個元件之間有沒有關係，畫面顯示跟商業邏輯沒什麼直接關係，不應該互相干涉，所以他們之間要有一個邊界，資料來源與商業邏輯之間沒有直接關係，所以他們之間也要一個邊界。那 **NoteRepository** 這個介面是屬於商業邏輯還是資料來源呢？在便利貼應用程式中，透過 **NoteRepository** 取得的資料都是可以直接拿來操作的資料格式，不用知道背後的提供者到底是資料庫還是 Firebase，因此是屬於商業邏輯這邊的，所以邊界才會畫在 **NoteRepository** 與 **FirebaseNoteRepository** 之間。

業務規則

業務規則是一個應用程式中最重要的部分，一個幾乎沒有業務規則的應用程式也可以等同說：這是沒有商業價值的應用程式。但其實，在一部分手機端應用程式中是沒有什麼業務規則在其中的，為什麼呢？這是因為很多業務規則都已經寫在後台了，手機端當然就沒有必要做更多的資料處理，只要使用後台 API 傳送過來的結果就好。

　　另外一部分的手機端應用程式，是有一些業務規則在其中的，這時候就可以另外再分出更多不同的層與邊界，在 Clean Architecture 中大致上分成下面兩層：

1.　Entity：業務邏輯的核心，不會輕易的因為需求變更而一起更改。

2.　Use case：代表各種不同使用者的使用情境，或是操作流程，Use case 會利用 Entity 來做不同的業務邏輯操作。

　　其中一個常見的誤解是 Entity 應該要以貧血模型（Anemic Domain Model）來實作，也就是說這是一個只有資料，沒有行為的物件。為什麼會有這樣的想法呢？筆者認為是因為 Use case 通常會設計成函式，用來做 Entity 的各種操作，而 Entity 又通常可以對應到資料庫模型的欄位，於是這些關聯性就一拍即合，畢竟讓資料庫模型有各種行為是一件很奇怪的事情。但是原書中的解釋是任何重大的商業資料與規則的集合形式都可以 Entity，Entity 也可能是一個由很多類別所組合而成的模組，也就是所謂的充血模型（Rich Domain Model）。

　　所以 Entity 應該要設計成充血模型囉？也不是這樣，一切還是要看當下情境以及團隊的共識，如果設計成貧血模型，你就失去了在 Entity 中某種程度的模組化以及聚合性的能力，但是如果設計成充血模型，在函式程式設計風格使用時，就會變成一個違反該風格的副作用。充血跟貧血模型各自有擁護者，想知道更多貧血模型設計的，可以看《Functional and Reactive Domain Modeling》這本書，至於充血模型，可以參考看看 Martin Fowler 寫的文章（延伸閱讀 9-1），或是看看《領域驅動開發》這本書寫的內容。

洋蔥式分層架構

　　Clean architecture 最為人所知的當屬其洋蔥式架構圖了。請看圖 9-3，在該圖中畫了四個圓，最外層是細節，像是畫面、資料庫、網路都是屬於最外面的這一層；倒數第二層是各式各樣的 Adapter 與 Controller，像是資料庫的插入以及查詢的實作、從網路回傳回來的 Json 回應解析成資料模型，還有畫面上去組合一個對話框出來的操作，都是屬於這一層。接下來第三、第四層就是 Usecase 層與 Entity 層了。

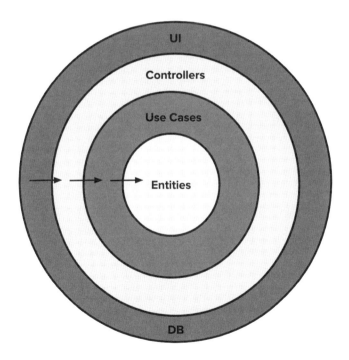

圖 9-3

網路上有很多參考了這個洋蔥架構圖產生了一個 Android 架構範例，他們都有符合相依原則。但是在洋蔥式分層架構上，我覺得有點可惜的是 Entity 都有點太簡單了，都是以資料模型的形式存在。但是事實上 Entity 作為業務邏輯的核心，在整體架構的程式碼中佔的比例不應該這麼低才對。筆者個人認為，如果 Entity 只是以一個資料模型的形式存在的話，就乾脆不要分 Use Case 與 Entity 兩層，統一叫做 Domain 層還比較簡單一點，跟新進團隊人員介紹專案架構時，也不會因為對名詞定義有歧異而產生爭論（註 9-1）。

註 9-1 **Entity 的術語**

Entity 這名詞出現在很多地方，包含 Room 這個著名的 Android 資料庫框架，會使用 Annotation @Entity 在特定類別上定義資料表，在領域驅動設計（Domain Driven Design）中，Entity 也有其不一樣的定義。

雖然筆者認為這樣的架構是一個三層的洋蔥式架構，但是並沒有說這樣的設計有問題，事實上，只要掌握好依賴原則，每層跟每層之間都有著向內的方向性，不管是三層、四層還是五層以上，都能算上是一個「乾淨」的架構。

9.3 將專案變成 Clean architecture 的形狀

在學習完一個新的架構後，相信大家都會想嘗試將這架構用在現有專案上吧！在 2022 這時代的當下，其中一個最受大家喜愛的莫過於是以 Use Case 為出發點的架構設計,現在就讓我們嘗試看看在既有的專案上套用會變得如何吧!

首先我們要定位的是 Use case 與 Entity,依目前我們對這專案的理解,Use case 可能有下列這些:

1. 移動便利貼並同步到雲端。

2. 改變便利貼背景顏色並同步到雲端。

3. 改變便利貼文字內容並同步到雲端。

4. 刪除便利貼並同步到雲端。

5. 新增便利貼並同步到雲端。

6. 從雲端中同步便利貼並更新在螢幕上。

從上面這些描述看來,這些 Use case 都有一個共同的操作對象,那就是「便利貼」,所以目前看來便利貼就是我們的 Enitiy 了。好了,既然現在 Use case 跟 Entity 都有了,那我們嘗試著寫看看第一個 Use case:

```
1.  class MoveNoteUseCase(private val noteRepository: NoteRepository) {
2.
3.      operator fun invoke(noteId: String, positionDelta: Position):
    Disposable {
4.          return Observable.just(Pair(noteId, positionDelta))
5.              .withLatestFrom(noteRepository.getAllNotes()) {
    (noteId, positionDelta), notes ->
6.                  val currentNote = notes.find { note -> note.id
    == noteId }
```

```
7.              Optional.ofNullable(currentNote?.copy(position =
   currentNote.position + positionDelta))
8.          }
9.          .mapOptional { it }
10.         .subscribe { note ->
11.             noteRepository.putNote(note)
12.         }
13.     }
14. }
```

我從 **EditorViewModel** 中抽取出了移動便利貼的邏輯，並為它建立了一個 **MoveNoteUseCase** 的類別，然後將這個 Use Case 注入到 **EditorViewModel** 裡面，最後在下面程式碼中的第 7 行去執行它。

```
1.  class EditorViewModel(
2.      private val noteRepository: NoteRepository,
3.      private val moveNoteUseCase: MoveNoteUseCase
4.  ): ViewModel() {
5.
6.      fun moveNote(noteId: String, positionDelta: Position) {
7.          moveNoteUseCase(noteId, positionDelta)
8.              .addTo(disposableBag)
9.      }
10.     …
```

在這 **MoveNoteUseCase** 的案例中，可以説是相當順利，我們順利的把職責委派出去了，下一個來看看「改變便利貼背景顏色」的這個 Use Case：

```
1.  class EditorViewModel(
2.      ...
3.
4.      fun onColorSelected(color: YBColor) {
5.          runOnSelectingNote { note ->
6.              val newNote = note.copy(color = color)
7.              noteRepository.putNote(newNote)
8.          }
9.      }
10.
11.     private fun runOnSelectingNote(runner: (Note) -> Unit) {
12.         selectingNote
13.             .take(1)
14.             .mapOptional { it }
15.             .subscribe(runner)
16.             .addTo(disposableBag)
17.     }
```

以上是跟改變便利貼背景顏色相關的程式碼，而且看起來要建立這個 Use Case 沒有像剛剛一樣這麼容易了，因為 **selectingNote** 是一個在 **EditorViewModel** 的變數，所以為了建立這個 Use case 的話，可能要將 **selectingNote** 當作參數傳給這個 Use Case：

```
1.  class ChangeNoteColorUseCase(private val noteRepository:
    NoteRepository) {
2.      // 選擇 1
3.      operator fun invoke(color: YBColor, selectingNote: Optional
    <Note>) {
4.          ...
5.      }
6.      // 選擇 2
```

```
7.     operator fun invoke(color: YBColor, selectingNote: Observable
   <Optional<Note>>): Disposable {
8.        …
9.     }
10. }
```

這邊在設計上有兩種選擇，一種是選擇同步的執行方式，也就是上述的選擇 1，或是像選擇 2 這樣非同步的方式。如果要追求一致性的話，因為 **MoveNoteUseCase** 是非同步的，所以我們可以選擇第 2 個選項，但是如果再往後一點看的話，我們又會發現「新增便利貼」的 Use Case 一定會是一個同步的執行方式，所以選擇 1 跟選擇 2 好像沒有哪一種選項比較好。

接下來是「改變便利貼文字內容」，為了能夠正確發送訊號，這個 Use Case 又需要另一個變數當作參數傳入了：

```
1. class ChangeNoteTextUseCase(private val noteRepository:
   NoteRepository) {
2.
3.     operator fun invoke(selectingNote: Optional<Note>,
   openEditTextSubject: PublishSubject<Unit>) {
4.        …
5.     }
```

這個 Use Case 不太好設計，為了要開啟編輯文字頁面，我在這裡把 PublishSubject 傳進來了，說實在的真的是有點怪怪的感覺，那如果我換個形式，將 **openEditTextSubject** 改成用函式的方式傳進來呢？也就是說傳進來的型別從 **PublishSubject<Unit>** 改成 **()->Unit**。這樣子的確好看多了，但是 **EditorViewModel** 為了要能夠將函式傳進去這個 Use Case 必須要做更多改動，原本的程式碼會變得更加雜亂，而且萬一改成函式了，那我們的響應式程式設計風格之路好像會漸行漸遠。

接下來的 Use Case 的跟上述幾個案例不會差太多，就不再一一詳解了。最後，當我們將所有 Use Case 都抽取出來時，將會得到這樣的 **EditorViewModel**：

```
1.  class EditorViewModel(
2.      private val noteRepository: NoteRepository,
3.      private val moveNoteUseCase: MoveNoteUseCase,
4.      private val changeNoteColorUseCase: ChangeNoteColorUseCase,
5.      private val changeNoteTextUseCase: ChangeNoteTextUseCase,
6.      private val deleteNoteUseCase: DeleteNoteUseCase,
7.      private val addNoteUseCase: AddNoteUseCase,
8.      private val updateNoteUseCase: UpdateNoteUseCase,
9.  ): ViewModel() {
10.     ...
```

所有的 Use Case 都注入到了 **EditorViewModel**，這樣的形式其實有一個壞味道「過長參數列」，在一些人看來也許這個無法避免，但我會想要改善這樣的設計，因為如果未來功能越加越多，參數的數量也一定只會越來越多。

從結果上來看，我們抽取出了這麼多 Use Case，照理來說 **EditorViewModel** 的程式碼行數應該有變少吧？但事實上是：沒有什麼變化。因為抽取出去的這幾種 Use Case 本來就沒有佔用多少程式碼行數，除了 **MoveNoteUseCase** 之外，我們所做的就是在原有的一到兩行程式碼操作中再加一層封裝。那問題來了，我們這樣做到底有沒有讓專案的架構更好呢？接下來分別列出幾個特性來分析一下這次的改動：

1. 一致性：未來如果有更多類似需求的話，依照這樣的架構下，很直覺的會先想到增加一個新的 Use Case，因此目前的一致性是高的。

2. 表達性：觀察檔案結構時，馬上就能看到該應用程式有哪幾種 Use Case，在不需要知道細節的情況下能迅速掌握該應用程式的意圖。

3. 易學性：比 MVVM 還多了一層，對於尚未掌握該架構的開發者而言，會是一個額外的學習成本，而且會對只有一到兩行程式碼的封裝充滿疑問。

4. 擴充性：使用 Use Case 為主的架構限制了未來只能在同一個維度上增加新功能，在專案尚未成熟時，過早加入限制會阻礙開發的步調。

變好的	變差的
一致性	易學性
表達性	擴充性

表 9-1

目前看起來這樣的改動在某些方面有變好，在其他方面變差，目前還無法下結論説這是一個完全正確的決定，但是筆者認為在專案的這個階段抽取出 Use Case 層是有點過度設計（Over design）了，大部分的 Use Case 只有短短幾行程式碼實在是不太能説服我自己作這樣的改動。

不同 **Use Case** 的變形

在本章的範例中 **MoveNoteUseCase** 的實作是一個非常簡易的類別搭配上 invoke 函式去執行單次的任務，但在網路上的眾多範例中，不乏 Use Case 的各種變形。最基本的是建立 **BaseUseCase** 去強迫之後的開發者都必須要繼承自 **BaseUseCase** 才能正確執行。在這之上的其他變形，是在 **BaseUseCase** 加入了輸入跟輸出的兩個泛型做更近一步的限制，像下面這樣：

```
1.  interface BaseUseCase<P, R> {
2.      fun execute(param: P): R
3.  }
```

然而我們有一些非同步的需求，於是又可能產生了以下的兩種變形：

```
1.  interface BaseAsyncUseCase<P, R> {
2.      fun execute(param: P): Single<R>
3.  }
4.
5.  interface BaseStreamUseCase<P, R> {
6.      fun execute(param: P): Observable<R>
7.  }
```

但是 RxJava 還有其他型別：Maybe 跟 Completable，看起來我們好像得為了這些型別新增其他的 **BaseUseCase**。

接下來還有再更近一步的限制，輸入與輸出也要繼承自我們定義的基礎設施型別，事情開始越來越有趣了：

```
1. interface BaseAsyncUseCase<P: Param, R: Result> {
2.
3.     fun execute(param: P): Single<R>
4. }
5.
6. interface Param
7. interface Result {
8.     fun isSuccess(): Boolean
9.     fun isFailed(): Boolean
10.     fun isLoading(): Boolean
11. }
```

從過往的經驗觀察，回傳的結果要嘛成功要嘛失敗，還有可能會有讀取中的狀態，因此我可以先定義這幾個介面以利之後做使用。有的人可能對這樣的設計還是不滿意，想對執行緒操作做統一的管理，於是乎 **BaseUseCase** 從介面升級為抽象類別了（註 9-2 這時的 WTF per minute 激增）：

```
1. abstract class BaseAsyncUseCase<P: Param, R: Result> {
2.
3.     protected abstract fun run(param: P): Single<R>
4.
5.     fun execute(param: P): Single<R> {
6.         return run(param)
7.             .subscribeOn(BaseAsyncUseCase.UseCaseScheduler)
8.     }
9. }
```

一個 Use Case 架構怪獸已經慢慢成形，當你興高采烈的將偉大設計做完時，你將會發現會有源源不絕的新需求讓現有設計變的毫無作用，以下舉出其中幾種：

1. 只是想要丟出一個通知給後端，不在乎成功與否，卻發現我還要實作 **Result** 中永遠都不會呼叫到的 **isSuccess** 函式，而這樣這狀況違反了 SOLID 的介面隔離原則。

2. 發現兩到三個 Use Case 的執行內容很類似，如果將他們合併起來 **param** 將會越來越龐大，如果繼續保持分開又很難保證未來不會有第四第、五個類似的 Use Case 出現，這樣違反了 SOLID 的單一職責原則。

3. 有一個長時間的計算任務，要產生一個結果可能就需要花上一秒鐘的時間，如果有 100 個任務同時出現是不是就代表其他 Use Case 都不用執行了？（我知道你在想什麼，相信我，在 **BaseUseCase** 加上 Priority Queue 只會讓狀況更難收拾。）

> 註 9-1 WTF per minute
>
> 《**Clean code**》一書當中有一個很有趣的程式碼品質測量方式，就是開發者在看到程式碼時平均每分鐘喊出 WTF 的次數，也許是筆者個人觀點非常強烈的關係，看到這樣的設計時我喊出 WTF 的次數是破表的⋯

為了做一個完美的 Clean Architecture 架構所加上的這些「基礎設施」，結果卻違反了眾多 SOLID 原則，這樣做，真的划得來嗎？

深 度 剖 析

每個 Use case 一定都是有單一輸入與單一輸出嗎？依照我們目前對於專案的設計，不管是新增、編輯還是刪除便利貼，都很難有一個有用的輸出結果。如果硬要有個回傳值的話，當然我們可以回傳該次任務是成功或失敗，但是我們幾乎每隔一秒就更新一次便利貼的位置，隨時告訴使用者更新成功或失敗絕對是個擾人的設計。這也是為什麼在這本章的範例中我回傳了 Disposable，因為回傳任何其他東西對於該 Use Case 是沒幫助的。

Use Case 不應該被這樣的單一輸入輸出框架給侷限住，它代表了應用程式可以提供的服務，是一個抽象概念，可以以任何形式存在。另外在《Clean Architecture 實作篇》這本書中，也介紹了一些不同的 Use Case 變形以及相當實用的範例，推薦大家一讀。

9.4 小結

本章介紹了 Clean Architecture 的幾個原則，以及嘗試套用了現在流行的以 Use Case 為核心的架構。然而，在套用了 Use Case 之後我們能夠很有自信的說出這樣的架構是「整潔」的嗎？在我看來，這有點像是為了讓程式架構看起來像是「洋蔥」的形狀而特意做出的改動，甚至還有可能為了滿足自己內心的「架構魂」而去往上加了更多基礎設施。但是很有可能發生的是，未來接手這專案的人很有可能私底下在暗自咒罵、嘲笑這些你費盡心思所做的完美設計。

不過誰能無過呢？筆者本人也想過各種不同的架構，其中有一個架構在完成的當下非常興奮的向別人介紹這樣的架構有著非常高的可抽換性以及高可測試性，但是過了幾個月再增加新功能時卻發現我無法在第一時間掌握這架構的全貌，一時間不知道該如何下手修改，類別之間的耦合性低到彷彿是陌生人般，彼此互相不認識。

　　所以我們應該要以怎樣的心態面對新設計的架構？不管是自己或是網路上看到的範例，都有可能是**第二系統效應**（註 9-3）下的產物，但實際上卻忽略了情境已經大不相同，每個設計的背後要放在特定的情境下才有意義。所以回過頭來，我們的重點應該是要解決現在這個情境當下的問題，或是換另一種說法：「現有領域」的問題，為了解決這些問題所得出的設計才是我們需要的設計。下一章，我們從另外一個角度出發，從應用程式的領域開始作抽象設計，看看我們會得到什麼不一樣的結果吧！

> 註 9-3 第二系統效應
>
> 由 Fred Brooks 的著作《人月神話》中提出了這個概念，主要的概念是說，在成功的完成一個系統之後，人們傾向在下一個系統中有過多的期望，以為這個系統理所當然的也會碰到上一個系統的種種問題，因而過度設計，產生了一個過度複雜的結構，之後導致專案延宕，最後失敗。

延伸閱讀

9-1　Anti-pattern for AnemicDomainModel: https://martinfowler.com/bliki/AnemicDomainModel.html

Note

10

領域驅動設計

領域驅動設計（Domain Driven Design）是一個近年在社群間引起廣泛討論的一種設計以及開發方式。它的出現主要是為了解決大型專案中複雜的領域問題，透過與領域專家對話，交換意見，最終歸納出一個專案成員都能理解的共通語言。而這共通語言將不止用來跟團隊成員溝通，也會出現在規格文件上，甚至連程式碼也是用同樣的語言建構出來的。

本章重點

▶ 以領域模型為核心的設計可以更加強烈的表達意圖。

▶ 脫離以頁面為一個單位的思維可以節省不必要的效能開銷。

Chapter 10 程式碼連結：
https://github.com/hungyanbin/ReactiveStickyNote/tree/Book_CH_10

10.1 領域驅動設計

以往我們在專案越來越複雜以致難以維護時，第一個直覺是去尋求更好的架構。還記得筆者在工作第二年時，就曾經看過一個超過一萬行的 Activity 類別，裡面充滿了各種 AsyncTask（註 10-1）作 API 呼叫以及資料庫操作，還有散落在各地不知道是在背景執行還是前景執行的函式。經過這樣慘痛的教訓，大家開始慢慢地知道應該要採用 MVC 或是多層式架構來將這些技術實作分開來。

但是對於某些專案，就算分開了之後，還是有很大部分的程式碼介於 View 與 Model 之間，這時大家又再尋求其他架構解決方案，比較簡單的可能就是允許一個 View 可以有多個 ViewModel，這是在畫面相對獨立的情況下可行的解法。但還是有某些案例的商業邏輯異常複雜，對於畫面上來說是一個小到不能再分割的最小單元，那這時又該怎麼辦呢？於是又找到了 Clean Architecture，將表現層（章節 3.1 多層式架構）的邏輯與商業邏輯再進一步分開。

然而就算已經分到了這個地步，沒有任何的技術實作或是表現層的邏輯可以切分了，在超大型的專案中還是有可能存在著行數破千的程式碼。到這種時候，就沒有了標準答案，考驗的是我們自身的軟體設計能力，從既有程式碼中推敲出重複的部分，在一個大類別中抽取出來變成新的類別，並賦予這個類別一個新的名字，就這樣重構再重構，套用我們過去所學的設計模式以及軟體開發原則，最終將會看到一個不再擁有臃腫類別的專案。

　　進行了這麼多努力之後，正當我們有著十足的信心來面對任何新需求時，一個我們沒預料到的新需求讓我們的專案整個幾乎要打掉重練，更糟糕的是，還有可能因為誤解需求或是需求沒有明確定下來又反覆的修修改改，將花費無數心血設計出來的專案又搞得一團亂了。

　　坦白說，能到達如此複雜的 Android 專案應該是很少的，但是我們應當期許自己成為能夠處理任何複雜狀況，並且加速專案進行的專業人員。**領域驅動設計**正是因應這種狀況而生，為複雜業務需求、大型物件導向設計提出了指引與設計策略。《領域驅動設計》是一本將近 20 年前出版的書籍，內容相當豐富，接下來介紹該書中幾個大家在專案開發中都用得到的概念：

註 10-1　AsyncTask

AsyncTask 是 Android 初期推出的非同步以及切換執行緒解決方案，但是由於設計上的限制，讓我們在使用的時候很難優雅的在不同層級間交換資料，因此很容易寫出不好維護的程式，官方也在 Android 11 版本中正式棄用這個 API。

模型（Model）

之前有一陣子跟著朋友去看房子，看了不少建案的平面圖，稍微研究了一下之後，發現了小小的平面圖裡面也是有很多學問的，每個不同建案的平面圖也都有各自不同的變型，有的只畫出傢俱跟隔間，但是沒有附上比例尺。有的平面圖還有鮮豔的顏色，比枯燥乏味的黑白線條還有吸引力。但不管平面圖怎麼畫，還是會有些東西是共通的，像是使用四分之一圓描述出開門的方向，或是實心的矩形表示出柱子等等。

這個平面圖就是一種「模型」，這個模型有他存在的目的，是一個經過「抽象化」過的概念，這個模型在房子還沒真正蓋起來時很好用，銷售人員使用這個模型來跟客戶介紹房子的格局，一張紙做的平面圖，比完全用嘴巴解說來的容易溝通。在這時候，銷售人員跟客戶可以很容易的使用「一樣的語言」來進行溝通，比起說出「那個角落」、或是「這個長度多少」，在紙上直接指出「陽台的這個角落」，還有用筆畫出「廚房這個邊的長度」，在溝通上是容易多了。

在專案開發中，我們也可以定義出一個經過「抽象化」過的模型來輔助開發，這個模型不限定於是一個 Data class 或是 Object，而可以是一組經過精煉的 class 還有他們的交互行為所形成的概念，他們會是一個具有「高聚合」性質的群體。

關於模型想了解更多的讀者，領域驅動設計的原作者在 DDD Europe 2019 對於模型有更精闢的解說，影片連結在延伸閱讀 10-1。

作者小故事

前一陣子筆者在做訂閱制相關功能時，為了釐清在各種狀況下按鈕的狀態，我用我得到的資訊畫出了一個有著很多不同參數的表格，其中有兩個參數分別是：過去有訂閱過的使用者但是沒續訂、沒有訂閱過的使用者。當我拿著這表格去問專案經理時，花上了不少時間討論各種狀態下按鈕的長相。經過了幾回討論，最終發現到原來對於我們的畫面來說，這兩個跟訂閱相關的參數是可以簡化的，其實在畫面上只需要知道使用者可不可以使用訂閱內容即可，訂閱有沒有過期根本不重要。後來又發現了 iOS 的實作也的確是這樣做的（Android 比較晚推出訂閱制）。

我們經常把問題想得太過複雜，參考多方意見並將其歸納簡化可以在實作時省下不少時間。

領域（**Domain**）

　　領域一詞在本書中出現了好幾次，坦白說它不是一個直覺很好懂的概念，但是這個詞很常在架構的討論上出現，你可以把領域解讀為商業邏輯，或是整個應用程式的核心。或是參考《領域驅動設計》這本書原作者所寫的定義：「每個軟體程式是為了執行使用者的某個活動，或是滿足使用者的某個需求，這些使用者應用軟體的區域就是軟體的領域」。

　　一個電影票預訂的軟體中的領域會是購票者與座位之間的關係，一個靜態程式分析軟體的的領域就是程式碼與靜態分析的規則，而便利貼應用程式的領域呢？當然就是便利貼的各種編輯行為的操作，而且無法避免的會跟使用者介面存在某種關係。

上下文（**Context**）

上下文對於定義問題來說至關重要，假如有一天有人跟你說你很快，你有辦法知道他是在稱讚你還是在批評你呢？他可能指的是你完成專案的速度很快，也有可能在說遇到棘手問題時你推掉燙手山芋的反應很快，一樣的名詞，在不同的上下文底下有著不同的含義。

切換到程式開發領域，我們可能有一個類別叫做 Path，熟悉 Android Custom View 的開發者很自然而然的就會聯想到這是用來定義繪製路徑的類別。但是如果現在有一個旅途路線規劃的應用程式，我們還可以有另外一個叫做 Path 的類別嗎？答案是可以！因為這兩個 Path 在不同的上下文底下有不同的含義。如果專案再更大的話，一個擁有多個上下文的專案可以允許有多個名字一樣、意義不同的類別，除了會有 import 的困擾之外，在使用上是沒有什麼問題的。

反過來說，人們傾向會重用之前既有的類別，所以會在沒有仔細考慮的情況下加入一個又一個的變數，然而這些變數應該隸屬於在不同的上下文底下，在使用上有時反而會造成負擔。

通用語言（**Ubiquitous Language**）

有一個好的通用語言可以加速專案的開發。舉一個大家應該都能深刻體驗的例子說明好了：有一天，測試人員發現一個問題，他說 App 操作到一半就 Freeze 了，就回報給專案經理，然後這時候呢，專案經理用即時通訊軟體將這問題再跟工程師說有發現這問題，這時候工程師就試著用自己的手機重現這個問題，結果試了老半天試不出問題，就跟專案經理說這 bug 無法重現。後來呢，專案經理就親自去找測試人員，要測試人員操作給他看，結果發現了測試人員說的沒錯，果然有問題！專案經理於是又去跟工程師說，你這樣很不專業，明明這麼簡單就能夠重現問題了你怎麼說沒有，工程師不服氣，叫專案經理操作一次給他看，這個專案經理後來就在某個頁面上一直按某個按鈕，結果還真的都沒反應，工程師在旁邊看一看說：「不對啊，旁邊明明還有動畫在播放，你跟我說這是 Freeze？」你們猜發生什麼事？結果是按鈕太小太難按到，是觸控區域的問題！

為什麼會浪費這麼多時間在來回溝通？其中一個原因是因為測試人員的 Freeze 跟工程師對於 Freeze 的定義天差地遠！測試人員覺得按了一個按鈕沒反應就叫做 Freeze，但是工程師覺得 App 完全卡死才叫做 Freeze，工程師在操作 App 時發現系統 Back 鍵還可以按，點擊其他區域也都有反應時，就會下意識地覺得這不是 Freeze 的狀態，所以沒有「**Freeze**」的問題。

其實要解決這問題也很簡單，只要團隊定義好**回報 Bug** 的通用語言就行了，像是下面這樣：

- Freeze – App 的所有按鈕都沒有回饋，也沒有動畫在跑，按 back 鍵也沒有反應。

- Laggy – App 要等 1-2 秒後 UI 才看到反應，但不會到完全卡死。

- No respond – 點擊按鈕之後沒有預期的頁面跳轉或是狀態改變，但是其他在同一個頁面上的按鈕是可以操作的。

如果沒有通用語言的話,在專案開發上將會有很大的成本用來溝通以及翻譯,專案經理跟設計師討論 UI/UX 時就要在設計稿上進行圖像到語言的翻譯,之後專案經理在寫需求文件時可能又將這概念翻譯成了另外一個字,後來工程師依據設計稿寫程式時,對於同一個概念,在xml 上取了一個名字,ViewModel 又是另一個名字,等到畫面做完要接Server API 時,發現 Server 因為 DB 欄位的名字已經取好了,App 在接資料時也懶得做更換,也依照 Server 的命名來接資料。於是就出現了一個怪異的現象,同一份專案的程式碼,明明是同一個概念,卻有三個不一樣的名字。最要不得的,這三個名字還沒有一個可以跟專案經理在規格上寫的內容對的上!當專案經理回報 Bug 時,工程師們就要充當人體翻譯機,想辦法找出相對應的類別到底在哪裡……。

10.2 從對話中提取模型

在領域驅動開發中,其中有一個重要的角色是領域專家,透過與領域專家對話,最終將得出高價值的領域模型,領域專家可能是在相關領域中最熟悉業務邏輯的人,專案管理軟體中相對應的領域專家可能會是一個資深專案經理,報稅軟體中的領域專家可能是會計師。但是這些都是大型商用軟體,對於一個面向使用者的應用程式來說,領域專家會是誰呢?

恐怕,該領域還不存在領域專家,目前最熟悉該領域的就是在專案中的開發者們、專案經理還有設計師了,為了歸納以及精煉出應用程式的領域模型，所能做的就是盡可能的與專案成員討論。下面就來做個情境模擬，現在有兩個工程師：阿明跟小美，他們都是便利貼專案的成員，而且剛學完領域驅動開發的基本概念，已經迫不及待的要馬上進行大改造了，剛好又遇到專案經理的新需求：要支援放大、縮小以及平移的功能，於是他們訂了一個會議，要來好好討論因應這個新需求的變動：

阿明：欸，你覺得我們要從哪先開始？

小美：我覺得可以先從定義模型開始，便利貼應該就是我們的核心模型對吧？

阿明：照理說應該是這樣沒錯，但是我發現一件事，你有沒有覺得這整個畫面叫做 **EditorViewModel** 有點怪怪的？叫做編輯器這個名字好嗎？這看起來不太像是我平常接觸到的編輯器。

小美：什麼意思？哪裡不像呢？

阿明：我平常對於編輯器的第一印象就是 Android Studio 或是小畫家，功能非常齊全。

小美：雖然目前看起來功能很陽春，但是的確有一些編輯便利貼的功能對吧？像是改變顏色，改變文字內容等等

阿明：嗯⋯你說的很有道理，但我自從學了領域驅動開發之後，總覺得我們應程式中沒有好好的表達出一個「編輯器」的概念，編輯器放在 ViewModel 層總令人感覺出他是一個不重要的東西，可以隨時被其他技術給取代的樣子。

小美：那你目前有什麼好的想法嗎？

阿明：我想試試看將編輯器放在商業邏輯層。你仔細想想看喔，如果我們的 Use Case 可以隨意的控制選單的顯示與否，不管是使用或是在閱讀程式碼時不是簡單很多嗎？

小美：但過去學的總是要我們避免將顯示邏輯與商業邏輯混在一起不是嗎？你這樣把顯示邏輯放在商業邏輯層我覺得不對。

阿明：那你覺得我們應用程式的商業邏輯是什麼呢？

小美：嗯 … 像是便利貼的改變顏色就是屬於商業邏輯。

阿明：但是對於我們應用程式來說這件事一點都不複雜，我們不會花多少時間跟專案經理討論改變顏色的規格，但是我們卻會花更多時間討論在什麼情況下應該顯示選單不是嗎？因此我覺得我們領域的核心應該是編輯器。如果你堅持的話，我覺得我們也可以將這領域稱呼為 UI Domain，用來跟其他常見的領域作區別。

小美：好吧，我們可以朝這方向試試看。

阿明：針對這次的新需求，專案經理有提到放大、縮小以及平移的操作，你覺得有沒有需要考慮的問題呢？

小美：我能想到的是如果可以平移的話，超過視線範圍之外的便利貼也要保留嗎？既然我們的應用程式可以支援放大縮小，是不是可以新增一個概念來避免讓記憶體保有太多的便利貼呢？

阿明：視線範圍…啊，對了！那加入 ViewPort 這概念如何？對 ViewPort 做操作的話，可以看到的便利貼數量也跟著做改變很合理吧。

小美：所以你的意思是說編輯器裡面還有另外一個類別叫做 **ViewPort**
嗎？會不會太多類別了呢？

阿明：我覺得不會，不然這樣子好了，我們第一步先重構，將編輯器
移動到商業邏輯層，還不要支援放大縮小跟平移，但是同時記得
ViewPort 這個概念，等需要時再加進去就好了。

小美：等等，我突然想到我們有一個 View 叫做 **BoardView**，是不是應
該要叫做 **ViewPortView** 比較好？

阿明：所以我們要拋棄「白板」這個概念了嗎？把便利貼放在白板上看
起來也是蠻合理的不是嗎？

小美：但是如果是白板的話 ... 應該還要可以在上面畫畫，以後會想要
新增畫畫的功能嗎？

阿明：專案經理目前沒有往這方向發展的規劃，好吧，看起來
ViewPortView 這名字蠻合理的。另外還有其他的部分像是選單，
我們在現在的架構中的商業邏輯層還沒有這個概念，只有在 View
層有這概念，我覺得商業邏輯層應該要能夠表達這點。

小美：那就新增一個 **ContextMenu** 的類別吧，這部分我也蠻同意的，
這部分應該蠻好做的。

阿明：看看時間也差不多了，我等等來整理一下討論的內容寫成會議紀
錄，明天找時間再接著討論吧！

　　從上面的對話中，新的關鍵字跟不同的解讀都慢慢的冒了出來，
因此產生了更多更有意義的模型以及共通語言，從對於領域的共識、

ViewPort 到 ContextMenu，漸漸地理出彼此之間的交互關係以及職責，另外還發現到，其實目前專案程式碼中類別的名稱都還有改進的空間，View 層跟 ViewModel 層的名稱到處都有不一致的現象，這對於未來的維護上會造成很大的問題。

10.3　定義領域模型

便利貼專案成員在幾次的對話與討論後，整理歸納了下列這幾個關鍵字：

- Editor
- ViewPort
- Gesture
- StickyNote
- ContextMenu
- AdderButton
- Selection state

有了這幾個關鍵字之後，所有專案成員便一致認同該進行架構設計的階段了，但是重新設計架構不是一蹴可幾，邊重構邊加新功能很容易搞得一團亂。我們應該要好好的擬定策略，分階段一步一步完成更為保險：首先第一步是為最完整的需求勾勒出大致上的輪廓，確保元件之間的交互關係之後，再選擇該架構中實作的優先順序；其中以滿足之前的需求為優先，在確定新的設計不會破壞任何既有行為之後，再將新需求實作進來，最後做成完成品。

領域模型的交互關係

下圖 10-1 描述的是領域模型之間的交互關係，這不是類別圖，也不是流程圖，也看不到任何的技術名詞，沒有 Activity，沒有 Jetpack Compose 也沒有 ViewModel，只有我們對於這個應用程式領域模型的描述：

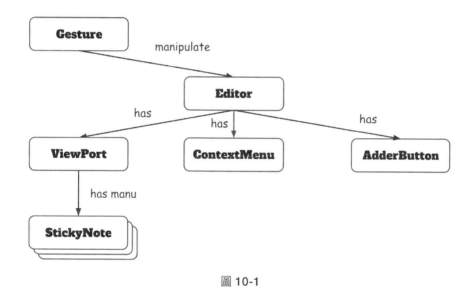

圖 10-1

- Gesture 可以藉由操控 Editor 來編輯便利貼。

- Editor 擁有 ViewPort, ContextMenu 以及 AdderButton。

- ViewPort 擁有許多的 StickyNote。

接著我們試看看之前訂出來的 Use case 在這樣的架構下能不能正確運行吧：

1. **將手指放到便利貼上面，持續不斷的觸碰不離開螢幕，該便利貼便會隨著手指的位置而跟著移動。**

   以這個 Use case 來說，是相對難實現的，因為手勢操作會從 Gesture 進來，經過 Editor、ViewPort，最後才能直接操作到對應的 StickyNote，而且「有沒有接觸到便利貼」這件事變成要從商業邏輯層這邊來處理，也就是說要依據 StickyNote 的寬跟高還有位置來判斷點擊事件，做的事情變得有點多，但這其實也隱含了一件事，就是 StickyNote 的寬跟高應該是領域中的一部分，但是到現在都還沒有討論到這一塊。為了避免將專案規模越弄越大，這時候最應該要做的事情是將此事與專案經理討論，一方面思考較簡單的解法。

   經過討論與思考後，因為實作的工程浩大，最終決定使用原本的做法：從外面的 StickyNoteView 操控相對應的便利貼，如果之後有需要的話會再統一由 Gesture 控制。

2. **點擊某張便利貼，開啟選擇狀態，點選選單中的刪除按鈕，之後就會看到該張便利貼被刪掉了。**

   既然上面都決定了拖曳便利貼行為還是交給每個便利貼自己處理，選擇行為也會如法炮製，因此 StickyNote 將會有一個點擊行為的

Callback 經由 **ViewPort** 再交給 **Editor** 處理，**Editor** 將會知道該讓哪一個便利貼啟用選擇狀態，哪一個便利貼取消選擇狀態，並將這選擇狀態再傳遞回去給所有的便利貼，以更新選擇狀態。

與此同時，**Editor** 開啟了 **ContextMenu**，當按下刪除時，由於 **Editor** 已經知道選擇的便利貼是哪一個，所以刪除就變得簡單了。

3. 點擊某張便利貼，開啟選擇狀態，點選選單中的某個顏色，之後就會看到該張便利貼的背景顏色換了。

跟刪除的 Use case 是差不多的，所以就不分析了。

4. 在螢幕中顯示的便利貼，要反應現在的最新狀態並正確顯示。

這邊要考慮到數量的問題，最簡單直覺的做法當然是將一整包 **StickyNote** 全部丟給 View 層去顯示。但是如果便利貼的數量超過一千或是一萬時，很多人一起線上共編可能會因為計算上的限制而反應過慢，所以另一個比較好的做法是讓便利貼各自更新，**ViewPort** 只要保有該顯示的 **StickyNote** id 就好。

類別圖

現在我們最核心的元件是 Editor，於是我想採取的第一步是從建立這個類別開始，慢慢把 ViewModel 的實作搬到核心元件中，當這部分成功了之後，就可以再針對領域模型中各小元件來進行拆分。於是就產生了以下的圖 10-2：

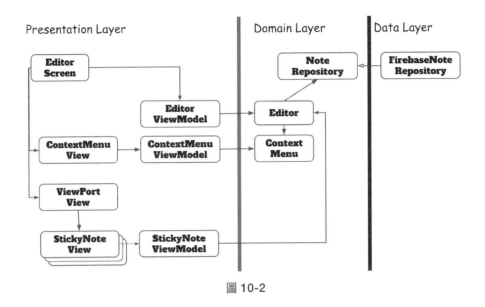

圖 10-2

　　在這張圖中分成三大區塊，與多層式架構的分層方式大致上是一樣的：最右方的部分是資料層，中間部分是領域層，最左方是表現層。

■　資料層：沒有變化。

■　領域層：多層式架構中稱呼為商業邏輯層，但由於我們現在採用領域模型來開發，所以改名為領域層。目前先設計出來這三個元件：Editor、ContextMenu、NoteRepository。Editor 主要提供編輯便利貼的環境，負責掌控選單以及新增按鈕，ContextMenu 提供各種編輯便利貼選項，NoteRepository 負責的內容與先前的一樣，提供新增編輯等操作。至於其他的領域物件像是 ViewPort，會等重構完之後才加入。

■ **表現層 ViewModel**：除了原本的 **EditorViewModel** 之外，這裡有兩個新的 ViewModel：**StickyNoteViewModel** 與 **ContextMenuViewModel**，ViewModel 的定位將會從架構中的核心，轉移到 Clean architecture（章節 9.2 洋蔥式架構）中的第二層：Controllers and Adapters，因此將不會預期這些元件會有複雜的領域知識與邏輯，就只是一個 Adapter 而已。其中也可以注意一下箭頭的方向，它們都有符合依賴原則，箭頭是從外層內層。

■ **表現層 View**：從上到下依序為 **EditorScreen**、**ContextMenuView**、**ViewPortView**、**StickyNoteView**，它們的關係並不複雜，但是其中有一個最大的變化就是，現在不只有 **EditorScreen** 認識 ViewModel，其它的 View 也各自認識它們相對應的 ViewModel，這代表 **ContextMenuView**、**StickyNoteView** 這些 View 將會是 Stateful 的，至於這邊要怎麼實作，在下一節將會詳細的介紹。

迭代設計

　　本章節從比較宏觀的角度出發，將所有需要的元件從大到小一一的分解出來，這種設計的方式，叫做 **自上而下的設計**（Top-down design）。一開始在接觸一些敏捷開發理論時，會以為這樣的開發方式很「**不敏捷**」，因為必須經過很長的一段時間設計才能得到成果，看起來很像是在做瀑布式開發。但後來發現，這樣的設計方式其實跟敏捷一點都不衝突，因為在做「**全面**」的設計時，並不代表這樣的設計是一次到位，不允許被改變的，也沒有一定要全部都設計完才能動手開始做。相對的，如果好好運用敏捷的方式，在經過數個開發循環之後，你將會發現一開始設計的架構還有很多地方需要改進的，這時就是最好的修正機會。然後再進行討論，微調架構，在下一個循環修正完之後，你會發現你對正在解決的問題有更深層的理解，團隊有了更多的共識，得到了更好的設計。

10.4　以領域模型為核心的實作

領域層介面

```
1.  class Editor {
2.      val allVisibleNotes: Observable<List<String>>
3.      val selectedNote: Observable<Optional<Note>>
4.
5.      fun selectNote(noteId: String)
6.      fun clearSelection()
7.      fun addNewNote()
8.      fun moveNote(noteId: String, positionDelta: Position)
9.  }
```

我們可以發現其實很多函式的介面跟之前的 EditorViewModel 一模一樣，像是 selectNote() 還有 addNewNote()，因為 EditorViewModel 在原本的架構中就是屬於商業邏輯層的元件，在定位上本來就類似。至於其他原本 EditorViewModel 有的公開函式但是必較偏向於選單操作的，我將它搬移到了 ContextMenu，介面如下：

```
1.  class ContextMenu {
2.      val colorOptions: List<YBColor>
3.      val selectedColor: Observable<YBColor>
4.
5.      fun onColorSelected(color: YBColor)
6.      fun onDeleteClicked()
7.      fun onEditTextClicked()
8.  }
```

如此一來我們就把原本屬於 **EditorViewModel** 的職責分配給 **Editor** 以及 **ContextMenu** 了！**onColorSelected**、**onDeleteClicked**、**onEditTextClicked** 這些函式放在 **ContextMenu** 中也讓第一眼看到這個類別的人，完全知道 這類別可以做哪些事情，同時還有 **colorOptions** 表示了所有可以選的顏 色，相較於之前寫死在 **MenuView** 時好多了，比較符合單向數據流（章 節 5.3 單向數據流），以及表達目前選定便利貼顏色的 **selectedColor**。 **colorOptions** 以及 **selectedColor** 這兩個變數是給顏色選單顯示用的變 數。其實老實說這兩個變數可以再進一步抽象出另外一個代表顏色選單 的類別，但是如果要為它再設計另一個階層，又會覺得沒有這個必要， 所以我覺得目前這樣放是一個比較好的選項。

還有 **Editor** 與 **ContextMenu** 這兩個元件之間的關係是組合關 係，**Editor** 擁有 **ContextMenu**，但是 **ContextMenu** 並不是永遠都是處 於可見的狀態，所以我另外新增了兩個狀態：**showContextMenu** 與 **showAdderButton**。

```
1.  class Editor {
2.      val showContextMenu: Observable<Boolean>
```

```
3.     val showAdderButton: Observable<Boolean>
4.     ...
5.     val contextMenu = ContextMenu()
6. }
```

最後是 **Editor** 與 **NoteRepository** 之間的關係，理所當然的，也是 **Editor** 擁有 **NoteRepository**，不然 **Editor** 將無法拿到所有便利貼的狀態：

```
1. class Editor(private val noteRepository: NoteRepository)
```

但這邊還有一個問題，RxJava 一但綁定了，就必須要處理它的生命週期，**Editor** 一定也免不了這件事情發生，這也代表了這個類別中會有一些非同步的任務，所有的非同步任務都要好好的被處理，不然會有 memory leak 的問題發生，於是這個 **Editor** 也會是一個有生命週期的元件，其生命週期的事件將由外界控制：

```
1. class Editor(private val noteRepository: NoteRepository) {
2.     ....
3.
4.     private val disposableBag = CompositeDisposable()
5.
6.     fun start() { ... }
7.     fun stop() { disposableBag.clear() }
8. }
```

通常來説一個具有生命週期的元件都是要有成對的生命週期事件，有 stop 就要有 start，所有在 start 中被觀察的 Observable 要在 stop 被好好的回收掉。

領域層實作

　　所有的介面都已經準備好了，那我們又該如何安全的一步一步將商業邏輯從 **EditorViewModel** 搬移到 **Editor** 呢？其實只要一次移動一個函式、建置再測試，確定沒問題後再進行下一個功能的搬移就好，這裡會跳過重構的一些細節，具體的實現步驟可以參考《重構》這本書中的移動函式，像是 **moveNote**、**addNewNote**、**tapCanvas** 以及 **selectingNote** 都可以用類似的手法將實作搬到 **Editor**。如下方圖 10-3 所示：

圖 10-3　移動函式示意圖

EditorViewModel 將函式中的實作搬到 Editor 後，會只剩下一行呼叫用的程式碼，如下方所示：

```
1.  class EditorViewModel(
2.      private val editor: Editor,
3.  ): ViewModel() {
4.      // 將實作搬到 Editor 中
5.      fun moveNote(note: Note, positionDelta: Position) {
6.          editor.moveNote(note.id, positionDelta)
7.      }
8.
9.      // ..others
10. }
```

搬移到 Editor 的程式碼都完成之後，接下來就輪到了 ContextMenu 的部分，但由於 ContextMenu 的所有操作都是要建立在已經被選擇的便利貼身上，我們要如何完成這部分的實作呢？

第一個解法是將 selectingNote 的參考從 Editor 注入到 ContextMenu 中，然後將操作過後的新資料更新在 NoteRepository，這個解法是可行的，但是這樣一來領域模型的職責有點混亂，不只是 Editor，現在連 ContextMenu 也有編輯便利貼的能力了，如果可以的話，我希望只有 Editor 可以編輯便利貼。

於是乎就有了第二個解法，讓 ContextMenu 丟出事件，這些被丟出來的事件會被傳送到 Editor，並且讓它處理該做的核心商業邏輯運算：

```
1. sealed interface ContextMenuEvent {
2.     object NavigateToEditTextPage: ContextMenuEvent
3.     object DeleteNote: ContextMenuEvent
4.     class ChangeColor(val color: YBColor): ContextMenuEvent
5. }
```

至於傳送事件的實作的話，可以依靠 PublishSubject 來完成：

```
1. // 部分程式碼省略
2. class ContextMenu {
3.
4.     private val _contextMenuEvents = PublishSubject.create
   <ContextMenuEvent>()
5.     val contextMenuEvents: Observable<ContextMenuEvent> = _
   contextMenuEvents.hide()
6.
7.     fun onColorSelected(color: YBColor) {
8.         _contextMenuEvents.onNext(ContextMenuEvent.ChangeColor
   (color))
9.     }
10. }
11.
12. class Editor(private val noteRepository: NoteRepository) {
13.
14.     fun start() {
15.         contextMenu.contextMenuEvents
16.             .subscribe { menuEvent ->
17.                 when(menuEvent) {
18.                     ContextMenuEvent.NavigateToEditTextPage ->
   navigateToEditTextPage()
19.                     is ContextMenuEvent.ChangeColor -> changeColor
   (menuEvent.color)
```

```
20.                      ContextMenuEvent.DeleteNote -> deleteNote()
21.                 }
22.             }
23.             .addTo(disposableBag)
24.     }
25. }
```

一切都完成之後，**EditorViewModel** 就沒有任何的商業邏輯了，將核心的商業邏輯全搬到了 **Editor** 與 **ContextMenu**，以下是 **EditorViewModel** 目前的樣子：

```
1.  class EditorViewModel(
2.      private val editor: Editor
3.  ): ViewModel() {
4.
5.      private val disposableBag = CompositeDisposable()
6.      val allNotes: Observable<List<Note>> = editor.allNotes
7.      val selectingNote: Observable<Optional<Note>> = editor.
    selectedNote
8.      val selectingColor: Observable<YBColor> = editor.contextMenu.
    selectedColor
9.      val openEditTextScreen: Observable<String> = editor.
    openEditTextScreen
10.
11.     init {
12.         editor.start()
13.     }
14.
15.     fun moveNote(noteId: String, positionDelta: Position) {
16.         editor.moveNote(noteId, positionDelta)
17.     }
```

```
18.
19.    fun addNewNote() {
20.        editor.addNewNote()
21.    }
22.
23.    fun tapNote(note: Note) {
24.        editor.selectNote(note.id)
25.    }
26.
27.    fun tapCanvas() {
28.        editor.clearSelection()
29.    }
30.
31.    fun onDeleteClicked() {
32.        editor.contextMenu.onDeleteClicked()
33.    }
34.
35.    fun onColorSelected(color: YBColor) {
36.        editor.contextMenu.onColorSelected(color)
37.    }
38.
39.    fun onEditTextClicked() {
40.        editor.contextMenu.onEditTextClicked()
41.    }
42.
43.    override fun onCleared() {
44.        editor.stop()
45.        disposableBag.clear()
46.    }
47. }
```

　　雖然看起來我們在做的事情只是在搬動程式碼而已，但是經過了這次的重構之後，領域模型的概念變的比之前還清晰，各自的職責也更單一了，未來萬一要加新功能也比較不容易放錯地方，接下來看看 ContextMenu 是怎麼重構的吧！

獨立出 ContextMenu

　　為了再進一步的解耦合，接下來想做的是：為 ContextMenu 建立一個專屬於他的 ViewModel，這樣一來，EditorViewModel 就可以再進一步的簡化讓職責更專一。如圖 10-4 所示：

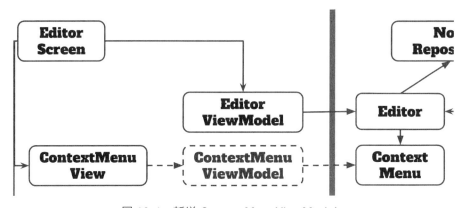

圖 10-4　新增 ContextMenuViewModel

　　目前跟選單有關係的類別分別有領域層的 Editor、ContextMenu，還有表現層的 EditorViewModel、EditorScreen 還有 ContextMenuView。在原本的資料流當中，ContextMenuView 所有與領域層的互動行為得要經過 EditorScreen、EditorViewModel 以及 Editor，也就是圖 10-4 的左半邊。但要是像圖中的虛線一樣，我們有個 ContextMenuViewModel 專

門來處理與 **ContextMenu** 相關的互動行為的話，資料就不需要經過這麼多層了，雖然多了一個元件看起來更複雜了，但是追蹤資料流上來說實際上是更輕鬆的，以下是 **ContextMenuViewModel** 的程式碼：

```
1.  class ContextMenuViewModel(
2.      private val contextMenu: ContextMenu
3.  ): ViewModel() {
4.
5.      val selectedColor = contextMenu.selectedColor
6.      val colorOptions = contextMenu.colorOptions
7.
8.      fun onDeleteClicked() {
9.          contextMenu.onDeleteClicked()
10.     }
11.
12.     fun onColorSelected(color: YBColor) {
13.         contextMenu.onColorSelected(color)
14.     }
15.
16.     fun onEditTextClicked() {
17.         contextMenu.onEditTextClicked()
18.     }
19. }
```

接下來是 Jetpack Compose 的實作部分，由於原本的 **MenuView** 是 Stateless（章節 2.3 Stateful & Stateless UI）的，再加上 Stateless 的元件有著可以預覽，以及重用的好處，所以我不想隨意增加額外的相依破壞 **MenuView** 的單純性。於是我新增了另外一個 Stateful 版本的 **MenuView**，再搭配 Jetpack Compose 中的 **LocalViewModelStoreOwner** 獲取當下作

用域中最適合的 **ViewModelStoreOwner**（章節 8.3 組件的生命週期以及作用域），這樣一來就可以很優美的解決現在碰到的問題，程式碼如下（**MenuView** 在這重新命名為 **ContextMenuView** 了）：

```
1.  fun StatefulContextMenuView(
2.      modifier: Modifier = Modifier
3.  ) {
4.      val contextMenuViewModel by LocalViewModelStoreOwner.current!!
    .viewModel<ContextMenuViewModel>()
5.      val selectedColor by contextMenuViewModel.selectedColor.
    subscribeAsState(initial = YBColor.Aquamarine)
6.
7.      ContextMenuView(
8.          modifier = modifier,
9.          ...
10.     )
11. }
```

類別的相依關係圖最後變成如下：

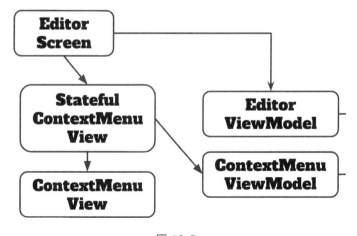

圖 10-5

獨立出 StickyNote

　　最後要解耦合的對象是 **StickyNote**，除了解耦合之外，我們還有另一個目的是為了節省效能開支，假設畫面上的便利貼有一千個，在原本的做法中做任何操作都一定會一次產生 1000 個實體出來，這是在使用不可變（immutable）資料結構的做法時常見的缺點，但是我所希望的是任何操作就只會更新相對應的 **StickyNote** 就好，不要有額外的開銷。

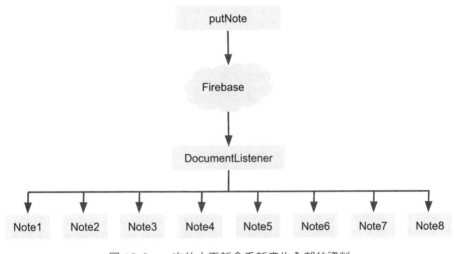

圖 10-6　一次的小更新會重新產生全部的資料

　　因此我們不能像過去一樣從 **NoteRepository** 中拿出全部的資料，現在只要拿出其中的 id 欄位就夠了，如果要拿到 **StickyNote** 的完整內容的話，就必須要再向 **NoteRepository** 查詢一次：

```
1.  interface NoteRepository {
2.      fun getAllVisibleNoteIds(): Observable<List<String>>
3.      fun getNoteById(id: String): Observable<StickyNote>
4.      ...
```

所以從資料層流向表現層的資料流就會變得像是圖 10-7 這樣：

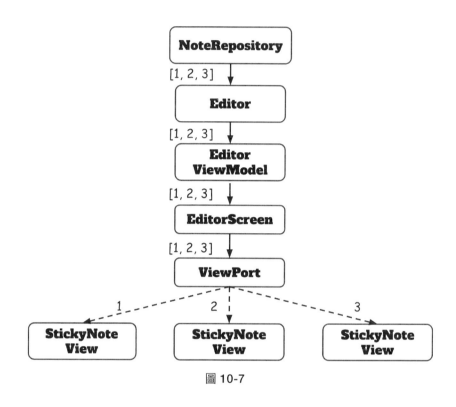

圖 10-7

在圖 10-7 中，實線的部分是 id 的列表，虛線是只有單個 id，id 列表
的資訊一路從資料層傳到了表現層，最終，每個 id 都會分別生成出一個
StickyNoteView，然後會再使用這個 id 一路往回跟資料層要完整的便利
貼資訊。在 Jetpack Compose 的實作上，由於我們有了 **ContextMenu**
的經驗，所以一樣在這邊可以新增一個 Stateful 版本的 **StickyNoteView**：

```
1.  @Composable
2.  fun StatefulStickyNoteView(
3.      id: String,
```

```
4.     modifier: Modifier = Modifier,
5.  ) {
6.     val stickyNoteViewModel by LocalViewModelStoreOwner.current!!.
   viewModel<StickyNoteViewModel>()
7.
8.     StickyNoteView(...)
9.  }
10.
```

跟 **ContextMenuView** 一 樣，**StickyNoteView** 也 有 一 個 屬 於 它 的
StickyNoteViewModel，現在任何在單一便利貼上做的操作可以不用經
過 **EditorViewModel** 了，**EditorViewModel** 的職責因此又更加單一：

```
1.  class StickyNoteViewModel(
2.      private val editor: Editor
3.  ): ViewModel() {
4.
5.      fun moveNote(noteId: String, positionDelta: Position) {
6.          editor.moveNote(noteId, positionDelta)
7.      }
8.
9.      fun tapNote(stickyNote: StickyNote) {
10.         editor.selectNote(stickyNote.id)
11.     }
12.
13.     fun getNoteById(id: String) = editor.getNoteById(id)
14.
15.     fun isSelected(id: String): Observable<Boolean> {
16.         return editor.selectedNote
17.             .map { optNote ->
18.                 optNote.fold(
```

```
19.                          someFun = { note -> note.id == id},
20.                          emptyFun = { false }
21.               )
22.          }
23.     }
24. }
```

其餘的程式碼部分比較屬於實作細節就不附上了，有興趣的讀者可
以參考本章開頭所附的 github 專案連結。

一個畫面可以有多個 ViewModel

在以前的限制下，在 Activity 或是 Fragment 之外的地方如果要有自己
的 ViewModel 在實作上會比較困難，但是在 Jetpack Compose 的幫助之
下，因為 ViewModelStoreOwner 是隨手可得的，我們就可以脫離這種以
「頁面」為單位的概念，只要是一個夠獨立的 UI 元件，都可以擁有屬於自
己的 ViewModel，讓 ViewModel 不再因為要認識所有 UI 細節而臃腫肥大。

10.5　小結

本章示範了以領域核心為出發點形成的架構，相較於之前的 MVVM
架構，不僅僅脫離了 Android ViewModel 的相依性，還讓個元件更加的
有意義去表達其中的概念。這時候 ViewModel 一下從核心的元件變成了
配合領域模型而存在的元件，某種程度上也是符合了 SOLID 的相依反轉
原則。

但還是要強調這樣的結果是附加的，如果 ViewModel 已經足夠用了，就不需要再做出一個抽象層，我們做出抽象層的最重要的原因是，現在的專案程式碼已經開始越來越複雜，而且需要一個專案成員都認同的「**通用語言**」進行溝通以及開發，有了「**通用語言**」，再將之應用在開發者的程式碼與專案規格可以發揮到更大的效果。

延伸閱讀

10-1 What is DDD - Eric Evans - DDD Europe 2019: https://www.
　　　youtube.com/watch?v=pMuiVlnGqjk

Note

11

Chapter

持續演進的架構

各位讀者看到這邊，跟我一起經歷了許許多多設計上的分析與取捨，其中可能有你同意的部分也可能會有你不同意的部分。其實就連與我最熟悉的社群朋友們討論架構時，也各自有不同的堅持。接下來，便利貼專案將新增更多需求，我會用上一章中領域核心的架構繼續開發。如果讀者想試試看的話，我也非常歡迎讀者你使用心目中最理想的架構，去完成這個專案。

本章重點

▶ 以領域概念作為出發點時，不管是技術決策還是新功能實作都變得相對容易了。

▶ 良好的表達能力與意圖比嚴謹的架構更重要。

▶ 不存在完美的架構，應該要避免難以改動的架構。

Chapter 11 程式碼連結：
https://github.com/hungyanbin/ReactiveStickyNote/tree/Book_CH_11

11.1　再次新增功能

在本書的最後，我們來增加以下這幾個新功能：

1. 使用單隻手指的手勢來移動整個畫面。

2. 使用兩指手指的手勢放大縮小整個畫面。

3. 只有被選擇的便利貼才可以移動。

4. 被選擇的便利貼可以被放大縮小。

在這幾個新功能當中，第一跟第二個是最簡單的，由於我們已經有了 ViewPort 的概念，所以只要將 Jetpack Compose 手勢的實作搞定，剩下的都不是什麼大問題。至於第三個新功能的話，在之前的版本中任何人都可以任意移動便利貼，這樣的自由度的確帶來了很多便利性，但也會讓正在編輯的使用者產生困擾，因此就利用了選擇狀態當成是我們的鎖，用來限制一個便利貼只能同時讓一個使用者編輯。

但是在過去這個應用程式沒有 Account 或是 User 這種概念，沒有這個概念的話，無法讓線上共編的其他人知道該便利貼是否已經被選了、或是被誰選了。所以為了完成這功能，我們還得要有一個最基本的使用者登入功能：

5. 第一次進入應用程式時，使用者應該要完成註冊或登入。

基本的功能分析做得差不多了，接下來我們將依序把這些功能完成。

畫面放大、縮小以及平移

在上一章的重構中，ViewPort 還不存在於領域層，ViewPort 是用來表達使用者在便利貼世界中可見範圍的抽象，因此我們可以建立一個像這樣的模型來表達 ViewPort。

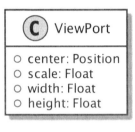

圖 11-1

在這模型中有 center 代表中心點座標，也有用來代表尺度的 scale，還有寬跟高代表可見範圍。但是由於每個手機的尺寸不一樣，而且我們的應用程式沒有限制螢幕方向，可能是直的也可能是橫的，經由以上考量，寬跟高先不納入模型當中。接下來我們來看看 ViewPort 與其他元件關係的類別圖：

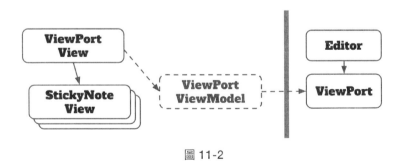

圖 11-2

依照上一章的模式，我們也會建立相對應的 **ViewPortViewModel**，在 Jetpack Compose 的實作中也會分出 Stateful 與 Stateless 版本的 **ViewPortView**。另外，為了讓顯示層能夠一直更新 **ViewPort** 的最新狀態，這些更新狀態的機制也必須要是響應式的：

```
1.  @Composable
2.  fun StatefulViewPortView() {
3.      val viewPortViewModel by LocalViewModelStoreOwner.current!!.
        viewModel<ViewPortViewModel>()
4.      val scale by viewPortViewModel.scale.subscribeAsState
        (initial = 0f)
5.      val center by viewPortViewModel.center.subscribeAsState(
        initial = Position(0f, 0f))
```

上方程式碼中的 **scale** 與 **center** 是分開的 Observable，這也代表了領域模型 **ViewPort** 中的這兩個屬性也是 Observable，這其實也蠻合理的，因為一直在變動的是 **ViewPort** 的位置跟尺度，而 **ViewPort** 永遠都會是同一個。

至於 **center** 跟 **scale** 在 Jetpack Compose 的實作，只要好好利用 Modifier 就可以簡單的完成：

```
1.  @Composable
2.  fun ViewPortView(...) {
3.      Box(
4.          Modifier
5.              ....
6.              .offset { IntOffset(center.x.toInt(), center.y.toInt()) }
7.              .scale(scale)
8.      )
```

　　到目前為止完成了顯示部分的實作，另一半部分要完成的是手勢輸入事件，幸運的是，Jetpack Compose 有一個 API 可以一次完成我們所有的手勢需求：

```
1.  @Composable
2.  fun ViewPortView(
3.      ...
4.      onViewPortTransform: (Position, Float) -> Unit
5.  ) {
6.      Box(
7.          Modifier
8.              .pointerInput("ViewPortView") {
9.                  detectTransformGestures { _, pan, zoom, _ ->
10.                     onViewPortTransform(Position(pan.x, pan.y), zoom)
11.                 ...
```

　　detectTransformGestures 提供了位移、旋轉以及放大縮小手勢相對應的值，因此我們只要一路使用這裡的值傳到領域層就可以完成這功能了，最後，**ViewPort** 的實作程式碼如下：

```
1.  class ViewPort {
2.
3.      private val _center = BehaviorSubject.createDefault
    (Position(0f, 0f))
4.      private val _scale = BehaviorSubject.createDefault(1f)
5.      val scale: Observable<Float> = _scale.hide()
6.      val center: Observable<Position> = _center.hide()
7.
8.      fun transformDelta(position: Position, scale: Float) {
9.          _center.onNext(position + _center.value!!)
10.         _scale.onNext((scale * _scale.value!!).coerceIn(MIN_
    SCALE, MAX_SCALE))
11.     }
```

在這 ViewPort 的實作中，不是只有簡單的傳送資料，也有著一些基本的領域層邏輯，在第 10 行中使用了 **coerceIn** 來限制 **scale** 的最大最小值，避免了無限放大以及無限縮小。

看到了這邊，我猜有些讀者會認為這些程式碼不應該放在這邊，應該要留在 ViewModel 才對，因為這是顯示層要關注的事。而且這些資料並沒有放在 Repository 不是嗎？這些資訊沒有放在 Repository 不就是它不是商業邏輯的最好證明嗎？

但是在這裡我要提出另一個疑問了：當移動 ViewPort 時，我希望便利貼能夠動態加載，只存放需要顯示的數量就好。如果 **center** 與 **scale** 這些資訊堅持放在 ViewModel 的話，請問這樣的需求又該如何實作呢？我相信要做一定可以做得出來，但是我個人還是喜歡領域模型可以反應出真實的需求，而且將它們隔離在商業邏輯之外我實在看不出有什麼特別的好處。

既然說到了便利貼，依據我們之前的規劃，便利貼 id 也應該要放在 **ViewPort** 底下，因此 **Editor** 也不再保有便利貼 id 的相依關係：

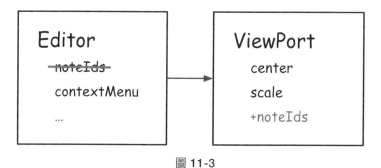

圖 11-3

這邊主要是搬移程式碼，實作上沒有什麼難度，程式碼就不附上了。

登入功能

登入功能基本上是沒什麼特別的，幾乎所有的應用程式都有登入功能，為了避免模糊焦點，在這邊使用最簡單的方式來實作：用本地端產生的 UUID 來模擬登入之後的唯一識別 id，至於畫面的顯示部分，在使用者第一次開啟時，顯示一個簡單的頁面用來輸入使用者名稱就好：

圖 11-4

有了登入功能之後，便利貼專案會因此多一個新的領域：Account，Account 領域應該獨立於便利貼領域之外，因此 Account 也有他專屬的存取機制：

```
1.  interface AccountService {
2.      fun createAccount(name: String): Single<Account>
3.      fun getCurrentAccount(): Account
4.      fun hasAccount(): Boolean
5.  }
6.
```

```
7.  data class Account(
8.      val userName: String,
9.      val id: String
10. )
```

再來就是大家熟悉的 MVVM 架構模式了，其類別圖如圖 11-5 所
示，程式碼細節也一樣不附上了：

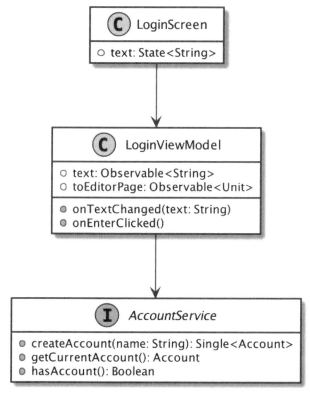

圖 11-5

鎖定便利貼

在現在原有的行為中，點擊便利貼會觸發選擇狀態，然後就可以進行改變文字或是刪除等操作，這邊的選擇狀態只存放在本地端，所以遠端的另一個使用者也可以對同一個便利貼進行修改。現在我們為了避免另一個使用者也改變同一個便利貼，會將選擇狀態的資訊也放上雲端，並且顯示正在操作該便利貼的使用者名稱，實際運行的樣子如圖 11-6：

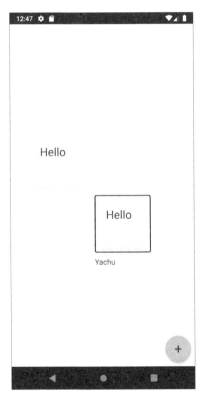

圖 11-6

那要怎麼將選擇狀態的資訊儲存起來呢？目前想到兩種作法：

1. 將選擇狀態的資訊一併放在原有的 StickyNote 中，這樣做會讓這個模型額外多出一個可選的（Optional）狀態。

2. 另外設計一個模型 SelectedNote 並且將它與 StickyNote 的 id 關聯起來。

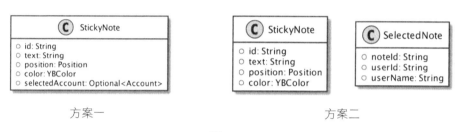

方案一   方案二

圖 11-7

第一個作法比較直觀，而且不用做資料轉換就可以一路使用到表現層，但是在選擇狀態的操作上就會比較麻煩，為了確保一個使用者一次只能選擇一個便利貼，每次在使用者點選便利貼時，必須要先檢查雲端中所有的便利貼是否存在著之前被同一個使用者選擇的便利貼，取消該選擇狀態之後，才能放心的開啟選擇狀態。用這樣的想法做延伸，假如有任何一個選擇狀態的操作出意外，雲端資料庫上就會有很難修改的狀態，對於維護資料庫上是一個很大的負擔。

至於第二個作法的話，由於我們可以將 userId 當成是唯一識別碼，因此可以很大程度的避免資料庫內容錯誤的狀況，但是另一方面，在應用程式這邊為了要顯示正確的選擇狀態，就得要將 **StickyNote** 列表與 **SelectedNote** 列表做組合，來決定每個便利貼的選擇狀態。

在這兩個作法的綜合評估下，我選第二個作法，第二個作法雖然會有些計算上的開銷，但還算是可以承受的，畢竟我們已經決定讓這個產品只讀取顯示畫面上的便利貼就好，不會讀取專案中全部的便利貼。另一方面，要是以擴充性的角度來思考的話，第一個作法也是比較難擴充的。

確定了作法之後，我們就要對專案進行大改造了，首先我們要改動的是 Repository：

```
1.  interface NoteRepository {
2.      ...
3.
4.      fun getAllSelectedNotes(): Observable<List<SelectedNote>>
5.      fun setNoteSelection(noteId: String, account: Account)
6.      fun removeNoteSelection(noteId: String, account: Account)
7.  }
```

在 Repository 的選擇上，就比較難抉擇了，我們可以選擇新增一個獨立的 **SelectedNoteRepository** 或是直接加在既有的 **NoteRepository** 裡面。如果是以 SOLID 的單一職責原則來看的話，新增一個獨立的 **SelectedNoteRepository** 是很合理的，但是另外一方面又覺得 **SelectedNote** 與 **StickyNote** 這兩個模型的概念是高度相連的，應該要把他們放在一起。最後我決定重用 **NoteRepository**，其實也沒有一個非常具有說服力的理由，就只是覺得到時候要分開成兩個 Repository 是一件很簡單的事，有需要再做即可。

接著是領域層的改動，這邊的改動就比較大了，第一個先來看點選
單張便利貼的改動，以下列出有可能會發生的幾種情況：

1.　如果沒有被選的話，就會啟動選擇狀態。

2.　如果已經被其他人選的話，不會做任何反應。

3.　如果是自己選的話，就會取消選擇狀態。

跟之前比起來邏輯稍微又更複雜了，但是處理起來還不算太困難：

```
1.  // 在 Editor class 中
2.    fun selectNote(noteId: String) {
3.        Observable.just(noteId)
4.            .withLatestFrom(selectedNotes) { id, selectedNotes ->
5.                id to selectedNotes
6.            }
7.            .firstElement()
8.            .subscribe { (id, selectedNotes) ->
9.                if (isNoteSelecting(id, selectedNotes)) {
10.                   if (isSelectedByUser(id, selectedNotes)) {
11.                       setNoteUnSelected(id)
12.                       showAddButton()
13.                   } else {
14.                       // can not select other user's note
15.                   }
16.               } else {
17.                   setNoteSelected(id)
18.                   showContextMenu()
19.               }
20.           }
21.           .addTo(disposableBag)
```

```
22.      }
23.      …
```

　　核心的邏輯集中在第 9 行跟第 10 行的兩個 if 所組成的區域範圍，其他的大部分都是響應式程式設計的操作。從這個改動中我們其實可以更確認了選擇狀態其實不單單只是屬於 UI 的行為，而是真真實實的反應選擇便利貼權限的**業務邏輯**。

　　另外，為了要讓 **Editor** 有辦法判斷該便利貼是被哪一個使用者選了，**Editor** 也要新增 **AccountService** 的依賴：

```
1.  class Editor(
2.      private val noteRepository: NoteRepository,
3.      private val accountService: AccountService
4.  ) {
```

　　以上是點選單張便利貼的改動，這是屬於從表現層傳送到資料層的事件，接著來看看從資料層傳送到表現層的改動：

```
1.  // 在 Editor class 中
2.      val userSelectedNote: Observable<Optional<SelectedNote>> =
    selectedNotes.map { notes ->
3.          Optional.ofNullable(notes.find { note -> note.userName ==
    accountService.getCurrentAccount().userName })
4.      }.startWithItem(Optional.empty<SelectedNote>())
5.
6.      val selectedNote: Observable<Optional<StickyNote>> =
    userSelectedNote
```

```
7.        .switchMap { optSelectedNote ->
8.            if (optSelectedNote.isPresent) {
9.                noteRepository.getNoteById(optSelectedNote.
   get().noteId)
10.                   .map { Optional.ofNullable(it) }
11.            } else {
12.                Observable.just(Optional.empty())
13.            }
14.        }
```

　　原本版本的 **selectedNote** 比較簡單，只要與本地端的選擇狀態訊號做結合就好，現在則是要結合 **AccountService** 的資訊才能得知哪一個 **SelectedNote** 是使用者選的便利貼，**userSelectedNote** 就是為這目的而生的變數，接著，知道使用者選的便利貼 id 後，在第 9 行中再去跟 **NoteRepository** 要當下最正確的完整便利貼內容，就能得到我們要的結果。

　　至於表現層的顯示方面，由於我們要區分被選定的便利貼是使用者自己選的，還是其他人選的，其他人選擇的便利貼我們會以紅色的外框表示，使用者自己選的則是會是黑色的外框，為此我們設計了另外一個模型：**StickyNoteUiModel**。

```
1. data class StickyNoteUiModel(
2.     val stickyNote: StickyNote,
3.     val state: State
4. ) {
5.     val id = stickyNote.id
```

```
6.      val position = stickyNote.position
7.      val color = stickyNote.color
8.      val text = stickyNote.text
9.      val isSelected = state is State.Selected
10.     val isLocked = state is State.Selected && state.isLocked
11.     val selectedUserName = if (state is State.Selected) {
12.         state.displayName
13.     } else {
14.         ""
15.     }
16.
17.     sealed class State {
18.         class Selected(val displayName: String, val isLocked:
    Boolean): State()
19.         object Normal: State()
20.     }
21.  }
```

該模型的 **state** 能夠完整的表達選擇狀態的各種情況：

1. 沒有被選擇的話，state 為 Normal。

2. 被當下使用者選擇的話，state 為 Selected 而且 isLocked 為 false。

3. 被其他使用者選擇的話，state 為 Selected 而且 isLocked 為 true。

為了讓 View 能夠在不需要知道細節的情況下操作，第 9 到 11 行的 **isSelected**、**isLocked**、**selectedUserName** 這三個變數有效的封裝 UI 邏輯，沒有洩露給外面的類別知道。接下來看看 **StickyNoteUiMode** 是怎麼被組裝出來的：

```
1. class StickyNoteViewModel(...) {
2.
3.    fun getNoteById(id: String): Observable<StickyNoteUiModel> =
4.        Observables.combineLatest(
5.            editor.getNoteById(id),
6.            editor.selectedNotes,
7.            editor.userSelectedNote)
8.        .map { (note, selectedNotes, userSelectedNote) ->
9.            val selectedNote = selectedNotes.find { it.noteId
==note.id }
10.           if (selectedNote != null) {
11.               val isCurrentUser = userSelectedNote.
fold(someFun = { it.noteId == note.id }, emptyFun = { false })
12.               StickyNoteUiModel(note, StickyNoteUiModel.State.
Selected(selectedNote.userName, isLocked = !isCurrentUser))
13.           } else {
14.               StickyNoteUiModel(note, StickyNoteUiModel.State.
Normal)
15.           }
16.       }
17.       .distinctUntilChanged()
18. }
```

由於這是表現層的模型，所以組裝的任務就交給了
StickyNoteViewModel，如果要獲取最正確的便利貼顯示狀態的話，就
得要從 **editor** 中拿到相對應的便利貼（第 5 行）、全部被選擇的便利貼
（第 6 行）以及被使用者選擇的便利貼（第 7 行）去做組裝，最後就會
得到正確的結果。

到這邊，應該就能大致上了解這改動的影響範圍了，至於其他改動，由於相對簡單就不多加說明。最後顯示的結果如圖 11-8 所示：

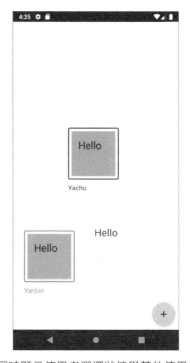

圖 11-8　可同時顯示使用者選擇狀態與其他使用者的選擇狀態

放大、縮小便利貼

這一個改動相當簡單，只要在原有的便利貼模型新增寬度以及高度的資訊，然後再加上改變寬高的領域邏輯就差不多完成了，改變之後的模型以及領域邏輯如下：

```
1.  data class StickyNote(
2.      val id: String,
3.      val text: String,
4.      val position: Position,
5.      val size: YBSize,
6.      val color: YBColor)
7.
8.  data class YBSize(val width: Float, val height: Float)
9.
10. // 在 Editor class 中
11.     private fun changeNoteSizeWithConstraint(note: StickyNote,
    widthDelta: Float, heightDelta: Float): StickyNote {
12.         val currentSize = note.size
13.         val newWidth = (currentSize.width + widthDelta).
    coerceAtLeast(StickyNote.MIN_SIZE)
14.         val newHeight = (currentSize.height + heightDelta).
    coerceAtLeast(StickyNote.MIN_SIZE)
15.         return note.copy(size = YBSize(newWidth, newHeight))
16.     }
```

在便利貼模型中新增了一個 **YBSize**，用來表示便利貼的大小。
而在 Editor 的領域層實作中，請看上方程式碼的 **changeNoteSizeWith
Constraint**，改變便利貼大小的邏輯與移動便利貼的邏輯是大同小異
的，只有差在寬度跟高度有一個最小值的限制，畢竟我們不會預期看到
一個非常小，甚至是尺寸為 0 的便利貼出現。

在 View 的實作上，我們在便利貼選擇狀態的右下角中新增了一個 icon，用來當作調整便利貼大小的控制器：

圖 11-9

新功能反應了架構的可擴充性

到目前為止實作的眾多新功能的過程中，可以說是沒什麼阻礙，除了選擇狀態改動比較多之外，畫面平移跟便利貼縮放都是在很短的時間內就可以完成的功能，這正好反映了我們對於每個元件所賦予的職責與產品需求是一致的，尤其是 **ViewPort** 這個領域概念，有了它之後不只是可以幫我們負責畫面平移的相關邏輯，還可以讓我們在「選擇便利貼」技術方案的二選一當中更加有信心的確保效能不會開銷過大。

11.2 重新審視 Use case

跟第 11 章比起來，我們的領域模型豐富了許多，變成了一個擁有更多表達能力的領域模型，然而在這樣的情況下，試著抽取出 Use case 成為一個獨立類別會有什麼差別呢？我們以刪除便利貼的案例來觀察看看：

```
1.  // 改動前
2.  class DeleteNoteUseCase(private val noteRepository: NoteRepository) {
3.
4.      operator fun invoke(selectedNote: Optional<Note>) {
5.          selectedNote.ifPresent { note -> noteRepository.deleteNote(id) }
6.      }
7.  }
8.
9.  // 改動後
10. class DeleteNoteUseCase(private val noteRepository: NoteRepository) {
11.
12.     operator fun invoke(editor: Editor): Disposable {
13.         return editor.contextMenu
14.             .contextMenuEvents
15.             .filterInstance<ContextMenuEvent.DeleteNote>()
16.             .withLatestFrom(editor.userSelectedNote) { _,
    optSelectedNote ->
17.                 optSelectedNote.map { note ->
18.                     note.noteId
19.                 }
20.             }.mapOptional { it }
21.             .subscribe { id ->
22.                 editor.setNoteUnSelected(id)
```

```
23.            editor.removeNote(id)
24.            editor.showAddButton()
25.        }
26.    }
27. }
```

改動領域模型前的 Use case 沒有做什麼特別的事，只有透過 **NoteRepository** 去執行刪除的行為而已。然而在改動領域模型之後的版本中，我們不止可以看到刪除事件是從 **ContextMenu** 來的，還可以知道刪除便利貼時對 **editor** 的其他操作。這樣一來，所有與刪除便利貼相關的邏輯都放在同一個檔案中了，聚合性比之前還好。

接著來探討一下怎樣可以再近一步讓響應式程式設計風格更加一致的體現在架構中：之前在我們第五章的實作中，任何從表現層發起的事件都是以呼叫函式的形式實作出來的，以下以移動便利貼為例子：

```
1.    fun moveNote(noteId: String, positionDelta: Position) {
2.        Observable.just(Pair(noteId, positionDelta))
3.            .withLatestFrom(allNotes) { (noteId, positionDelta),
   notes ->
4.                val currentNote = notes.find { note -> note.id
   == noteId }
5.                Optional.ofNullable(currentNote?.copy(position =
   currentNote.position + positionDelta))
6.            }
7.            .mapOptional { it }
8.            .subscribe { note ->
9.                noteRepository.putNote(note)
10.            }
```

```
11.          .addTo(disposableBag)
12.      }
```

在這個例子中的第 2 行，從無到有的建立了一個 Observable，就是為了能夠與另外一個 Observable **allNotes** 做資料結合，雖然整體上來說還是使用響應式程式設計，但總還是有一點「不連續」的感覺，感覺有點不太對勁。接著再看看另外一個例子：

```
1.      fun clearSelection() {
2.          selectedNotes.map { notes ->
3.              Optional.ofNullable(notes.find { note -> note.
   userName == accountService.getCurrentAccount().userName })
4.          }
5.          .take(1)
6.          .mapOptional { it }
7.          .subscribe { selectedNote ->
8.              setNoteUnSelected(selectedNote.noteId)
9.              showAddButton()
10.         }
11.         .addTo(disposableBag)
12.     }
```

這段程式碼是在章節 11-1 重構過後的 **Editor** 中，這是清除選擇狀態的實作，請注意到第 5 行這邊有一個 **take(1)**，這樣做的目的是確保清除選擇狀態的執行次數要剛剛好為 1 次，要是沒這樣做的話，任何 **selectedNotes** 狀態的改變又會再觸發一次 **setNoteUnSelected()**，這不是我們要的結果。

　　以上這兩個例子都一再的顯示出來我們的程式碼中有一些「妥協」，為了讓程式碼正確運行，就使用了一些看起來不怎麼有領域意義的「技巧」，為了解決這個問題，我們可以重新定位 Use case 的使用方式，讓響應式程式設計風格融入在其中：

```
1.  class TapCanvasUseCae(
2.      private val tapCanvasObservable: Observable<Unit>
3.  ) {
4.
5.      fun start(stickyNoteEditor: StickyNoteEditor): Disposable {
6.          return tapCanvasObservable.withLatestFrom
    (stickyNoteEditor.userSelectedNote) { _, userSelectedNote ->
    userSelectedNote }
7.              .mapOptional { it }
8.              .subscribe { selectedNote ->
9.                  stickyNoteEditor.setNoteUnSelected(selectedNote.
    noteId)
10.                 stickyNoteEditor.showAddButton()
11.             }
12.     }
13. }
14.
```

　　這個 Use Case 做的內容跟 **Editor** 的 **clearSelection** 是一樣的，但是現在採用了更加符合響應式程式設計的方式觸發該事件，該 Use Case 的使用方式比較像是「**綁定**」，而不是像過去一樣是「**執行**」，完成綁定了之後，就可以藉由外界傳入的事件流 **tapCanvasObservable** 來觸發該 UseCase 的內容，其觸發的次數會等同於使用者真正點擊的次數，不用再使用 **take(1)** 的技巧去彌補程式風格不一致的後果。

那這樣的 Use Case 又是怎麼被建立出來以及使用的呢？答案就在 ViewModel 中：

```
1.  class EditorViewModel(
2.      private val stickyNoteEditor: StickyNoteEditor
3.  ): ViewModel() {
4.
5.      private val tapCanvasSubject = PublishSubject.create<Unit>()
6.
7.      init {
8.          // 暫時忽略 disposable
9.          TapCanvasUseCae(tapCanvasSubject.hide()).apply {
10.             start(stickyNoteEditor)
11.         }
12.     }
13.
14.     fun tapCanvas() {
15.         tapCanvasSubject.onNext(Unit)
16.     }
17. }
```

由 **EditorViewModel** 負責建立一個 PublishSubject 來當作是 **tapCanvas** 事件的事件流，再以建構子的方式傳入即可。

深度剖析

Use Case 不是應該要用建構子的方式傳入 ViewModel 嗎？直接在 ViewModel 建立 Use Case 不會破壞了相依性注入的規則嗎？為了回答這個問題，我們首先要回過頭來看相依性注入是為了什麼目的而

存在的概念：相依性注入除了幫我們建立好一個類別的相對應的依賴之外，還有一個主要的目的是讓我們可以任意替換其相對應的實作，然而 ViewModel 與 Use Case 的相依關係是非常強烈的，幾乎找不到任何 Use Case 實作需要被替換的理由出現。因此，不是任何層級之間的依賴都得要靠相依性注入來完成，而且在這案例中如果硬要使用相依性注入的話，會讓程式碼顯得更冗長而沒有太多實質上的幫助。

表達力更強的 Use Case

　　相較於之前版本的 Use Case，我個人比較偏好這種更具有表達力的 Use Case，一目瞭然的將商業邏輯全部都集中在同一個檔案中。當然一定有人會反駁我説這些都只是 UI 邏輯，都算不上是商業邏輯，那這時候我就想要提出一個問題了，對於一個完全不懂所謂「正統架構」的新人來説，你覺得堅持把 UI 邏輯跟只有「一行」的商業邏輯分開比較好理解呢？還是這種形式比較好理解呢？

作者小故事

從架構設計中其實也可以觀察到一個人的個性。筆者其實是一個好奇心旺盛的人，同時也崇尚自由、不受拘束，在求學過程中也慢慢的培養出懷疑求證的人格，因此要是有人提出一套架構理論，但是背後要是充滿了一堆嚴格的限制以及我不太認同的論點的話，我會覺得在這架構中寫程式就會像是被困在牢籠中，沒有任何自由。也正因為如此，我喜歡在參考別人的架構時嘗試做出不一樣的變形，擷取出我覺得適合我、適合當下專案情境的作法，像是本專案中只截取領域驅動設計的領域模型概念，而沒有更近一步導入 Aggregate 與 Bounded Context 等概念。

> 會有這樣的體悟，也是因為筆者本人的一些開發者朋友們對於架構有著跟我截然不同的觀點，因此我也鼓勵讀者多多懷疑本書寫的內容，設計這種東西本來就沒有絕對的對錯，放在不同人，或是不同專案就會有不同的設計出現。

11.3　重新審視套件結構

在增加了多個新功能後，套件結構也會有一些結構上的改變，首先我們來看看現在有哪些不同的功能以及模組吧：

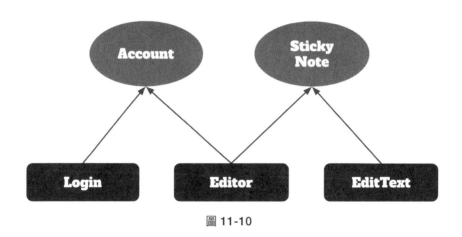

圖 11-10

以資料的層面來看，有 Account 與 StickyNote 兩大模組，他們提供了一些資料方面的服務。如果是以頁面或者是應用層面來思考的話，則是有 Login、Editor 還有 EditText 三個模組。在這邊我把 Login 與 Account 的概念分開來了，雖然他們是同時實作出來的，但使用者帳號也同時會被 Editor 這模組使用，所以 Account 應該是一個比較接近底層，被共用的模組。反之，如果將 Login 與 Account 結合在一起變成一個 Login 的大模組的話，Editor 模組使用 Login 模組的這種相依關係會顯得相當奇怪，登入的部分對於目前的 Editor 來說是用不到的。

另外一方面，由於 Editor 已經獨自成為一個相當大的模組，而且 EditText 不知道 Editor 的相關細節，所以我將他們兩個分開成獨立的模組，彼此共用著便利貼模組來做以利做資料相關的操作。

根據上述的分析結果，我們得到了這樣的套件結構：

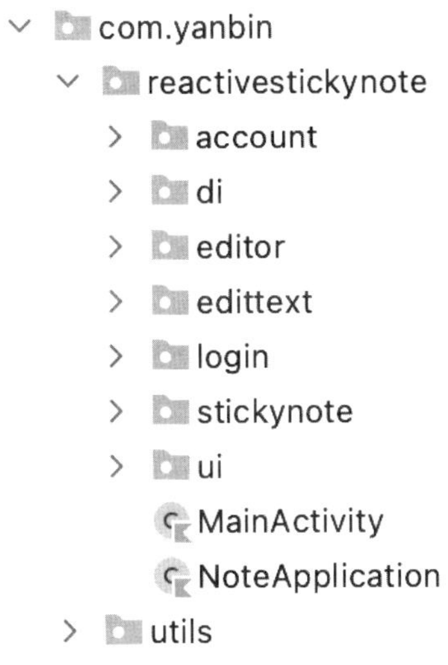

```
∨  com.yanbin
   ∨  reactivestickynote
      >  account
      >  di
      >  editor
      >  edittext
      >  login
      >  stickynote
      >  ui
         MainActivity
         NoteApplication
   >  utils
```

圖 11-11

相較於第 8 章的套件結構，這樣的套件結構就比較有意義了，在打開該專案時第一眼就能得知該專案的主要功能有哪些，也能夠讓對該專案不熟悉的開發人員知道有問題時要取哪裡找檔案，接著我們來看看 editor 套件結構的內容：

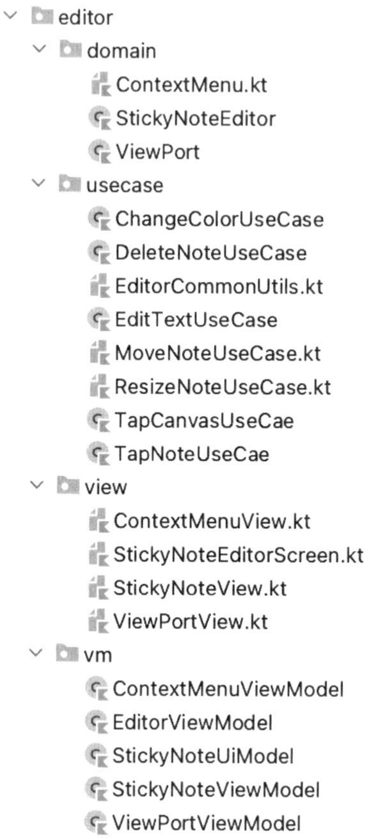

```
∨ ▣ editor
  ∨ ▣ domain
       ▪ ContextMenu.kt
       ⓒ StickyNoteEditor
       ⓒ ViewPort
  ∨ ▣ usecase
       ⓒ ChangeColorUseCase
       ⓒ DeleteNoteUseCase
       ▪ EditorCommonUtils.kt
       ⓒ EditTextUseCase
       ▪ MoveNoteUseCase.kt
       ▪ ResizeNoteUseCase.kt
       ⓒ TapCanvasUseCae
       ⓒ TapNoteUseCae
  ∨ ▣ view
       ▪ ContextMenuView.kt
       ▪ StickyNoteEditorScreen.kt
       ▪ StickyNoteView.kt
       ▪ ViewPortView.kt
  ∨ ▣ vm
       ⓒ ContextMenuViewModel
       ⓒ EditorViewModel
       ⓒ StickyNoteUiModel
       ⓒ StickyNoteViewModel
       ⓒ ViewPortViewModel
```

圖 11-12

　　editor 套件的第一層結構以技術分層做分類，分別有 domain、usecase、view 以及 vm，從第一層結構中還看不太出來大致上的輪廓，但是一旦將第二層展開，連檔案都不用打開就能夠大致猜到每個檔案負責的內容，還有這個應用程式能夠做到什麼。

　　這樣的套件結構對我來說就是一個很用力在**尖叫**（章節 8.1 套件結構的管理）的套件結構。

模組化

　　這樣的套件結構也讓我們很容易的進行模組化，因為目前有非常明顯的依賴關係：Account 跟 StickyNote 可以為最核心的領域模組，接著，Login、Editor 與 EditText 則是這些核心的應用模組，但是由於目前 Login 與 EditText 的程式碼實在是太少了，將他們放在獨立模組有點大材小用，如果有模組化的需求的話，我個人的偏好還是將他們留在 app 的主模組中。

　　至於 Repository 的實作該怎麼辦呢？如果想要讓領域核心越乾淨越好，不想要有任何第三方函式庫的依賴的話，可以考慮將 FirebaseNoteRepository 的實作留在 app 模組。或是更極端一點的，為這個類別單獨開一個模組出來。這樣做的好處，可以更近一步強化了依賴關係，再加上 internal 修飾子的話，在編譯期間就可以檢查出來違反依賴原則的類別。

　　一樣的是，模組化的選擇上沒有最正確的答案，下面圖 11-13 顯示出由簡單到複雜的模組化方案選項，每一個方框都各代表一個獨立的模組：

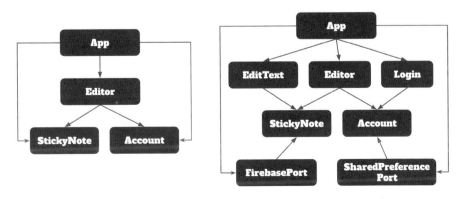

圖 **11-13**　模組化依選擇的不同，最後有可能會有多達 8 個模組

11.4 持續不斷演進的架構

從第一部只有移動便利貼功能的專案，簡單的 MVVM 架構模式已足以解決問題。到第二部新增的其他編輯便利貼相關功能，MVVM 架構模式也還算撐得住，雖然有想要嘗試看看套用 MVI 或是 clean architecture，但是由於沒有什麼太多好處所以作罷。最後到了第三部，功能更多更複雜了，全部都放在 ViewModel 顯然不是一個長久之計，於是我們以領域為出發點，重新思考該應用程式要解決的問題以及擬定領域模型，最後得到了一個富有表達能力的架構。

然而這個架構也不是毫無缺點，我們每多一個新的領域概念，就會有相對應一整套的 View、ViewModel 以及 Model，如圖 11-14，只要多了一個新功能或是屬性，就會需要三個一起改，這樣的事情一但重複了太多次，有時候 ViewModel 會沒有什麼存在的意義，就會有一點樣板程式碼（註 11-1）的味道出現。事實上，這個架構的概念，其實是源自於 PicCollage CTO 的 MDDV 架構（延伸閱讀 11-1）。

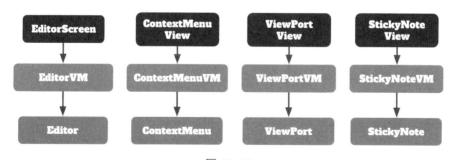

圖 11-14

註11-1 樣板程式碼（boilerplate code）

代表多次重複出現而沒有明顯變化的程式碼片段，然而又因為其中重複的部分無法輕易的使用共用函式解決，很多時候就會逼不得已的採取複製貼上的手段來完成這段程式碼，其中像是資料庫的 DAO 物件就是一個很明顯的例子。通常解決這問題的方式是採用自動編程（Automatic code generation）的相關技術解決方案。

UI 領域模型

　　MDDV 架構其中一個最主要的核心訴求是：領域層可以不只有一層。在一個有豐富 UI 互動的應用程式中，如果一直將他們視為「低等」的實作細節的話，到最後會得到一個結構鬆散，散落四處難以管理的各種 UI 狀態。於是，將這些 UI 概念整理起來的話，就可以得到一個完整的領域模型，或稱作是 UI 領域模型（UI Domain Model），可以讓我們用對於該模型的理解去操作它們，這模型有著與專案經理共同擬定的共通語言，簡單且直覺的階層關係，不用再受限於 Android ViewModel 本身框架限制，簡單就可以完成元件與元件之間的互動。

Editor 的定位

　　在目前專案中的 Editor 毫無疑問是一個領域模型，而且是一個 UI 領域模型，但是 Editor 與 Repository 之間的關係卻會讓人困惑：一般來說都是使用 Repository 來存取領域模型的，現在怎麼反過來可以讓領域模型操作 Repository 呢？

答案其實也很簡單，因為不是所有的領域模型都需要藉由 Repository 來存取或是建立，這邊 UI 領域模型的概念與過去熟悉的領域模型不一樣，不會以資料的形式永久存放在某個儲存空間，而是使用者真實在操作 UI 的一種抽象化模型，也就是說，領域模型不總是等於資料模型。

我們回頭過來看看模型的定義，在第 10 章中說過模型是經過抽象化後的一組概念，可以用來幫我們去除不必要的細節，專注於解決當下的問題。以這樣的說法來看，模型是不是對應到可存取物件就不是那麼重要了。

反過來想想，如果沒有 UI 領域模型我們會怎麼寫程式呢？依照大家的習慣，我們將會產生出很多 Service、Controller、Helper、Util 這些沒有太多領域意義的類別出現，大部分的情況下不是因為想提供服務所以才建立 Service 類別，而是想不到該怎麼命名而為之。

架構層之間的對應模型

一直到本書的最後，才出現了便利貼在表現層的對應模型：StickyNoteUiModel。在一般的情況下我們都希望模型的數量越少越好，這樣才能保持簡單又不容易誤用。但是當有其他需求出現時，偷懶的開發者就會傾向使用同一個模型而沒考慮後果，尤其是因應資料層與表現層的需求而做的改動，通常都不會被用在領域層中，這樣做的話會違反 SOLID 的單一職責原則。

其實在這專案中我們也可以建立一個資料層的對應模型，但如同之前說過的，Firebase 內建的資料轉換機制是由反射完成的，在效能上是有負擔的。但是另一方面，複雜的資料層模型如果有工具的輔助可以大大的加快開發速度，讓我們不用浪費時間在樣板程式碼上，所以資料層也是擁有對應模型也是有其好處。

不同架構層之間的對應與否在不同專案以及上下文中會有不同的決定，最終我們能給的建議還是那句話：It depends。

不完美的架構

雖然現在的架構能夠解決我們目前碰到的所有問題，但是在未來遇到更多需求時，誰都沒辦法保證這個架構永遠都能解決我們碰到的新問題。舉一個簡單的例子，如果現在新增了一個對齊便利貼的功能的話，以目前的架構來說是無法簡單增加一個 use case 就可以解決的。

因此我們不應該去追求永遠不會變化的，完美的架構。當產品經理提出足以撼動架構的需求時，考慮的不會是怎樣拒絕該需求，而是應該反過來探討產品方向與架構設計方向是否太不一致，是否因為開發人員的一意孤行而導致架構太過理想，與現實需求脫節。不過當然也有需求太過異想天開的情況出現，這種情況就不是本書要探討的範疇了。

雖然我們無法設計出完美的架構，但是我們應該盡力去避免產生出難以修改的架構，一個最簡單避免的方式的是寫出意圖清晰，結構清楚的「Clean code」，另外一點就是避免過於追求使用不可靠的新技術，或是自身尚無法掌握的高階技術，將這些技術導入所帶來的後續維護成本是非常高的，等到你想要淘汰時，因為技術相關程式碼已經深入專案的各個角落，進行汰換以及升級的過程非常痛苦而且無法有任何產出。最後，就是避免過度設計，這其實是一個很難做到的事，有時候我們就是無法得知現在做的所有設計是否是太少、剛剛好還是有點過頭了。依我觀察，在工程師職涯的某一段時間會偏執於各種抽象、預先設計，但是只要失敗的經驗夠多，合作的人夠多，就會慢慢的學習到哪些狀況是有點過頭的。這部分其實也是本書很想帶給大家的。如果你正處於這些階段，希望看完這本書之後你會對設計以及規劃架構有不同的想法，回頭看看過去所有專案中所做的設計哪些是有點過頭的，哪些是剛剛好的，哪些又是做不夠的。

最後，非常感謝把這本書看完的大家！如果有任何回饋，隨時歡迎發 Email 給我：hungyanbin2@gmail.com

---

延伸閱讀

11-1 MDDV White Paper: https://tech.pic-collage.com/ 43c00868b8b9

Appendix

附錄

附錄一：物件導向設計原則 SOLID

單一職責原則（Single Responsibility Principle）

類別或是函式變更原因應該只有一個。

開放封閉原則（Open-closed Principle）

對於擴充應該保持開放性，對於修改應維持封閉性。

里氏替代原則（Liskov Substitution Principle）

針對同一個父類別，替代成任意子類別都不會造成客戶程式碼的任何影響。

依賴反轉原則（Dependency Inversion Principle）

高層次模組不應該依賴低層次細節，為了讓其依賴反過來，可以藉由依賴於同一個抽象介面達到這點。

介面隔離原則（Interface Segregation Principle）

客戶程式碼不應該被迫使用他們用不到的函式，或是繼承無用的空實作。

附錄二：參考書目

《Functional and Reactive Domain Modeling》

作　　　者：Debasish Ghosh

英 文 書 名：Functional and Reactive Domain Modeling

引　用　處：第三章（Designing functional domain models）

《GoF 設計模式》

作　　　者：Erich Gamma, Richard Helm, Ralph Johnson, John Vlissides

中 文 書 名：物件導向設計模式－可再利用物件導向軟體之要素

英 文 書 名：Design Patterns: Elements of Reusable Object-Oriented Software

引　用　處：第三章（生成模式）- Builder、Factory Method

《人月神話》

作　　　者：Frederick P. Brooks Jr.

中 文 書 名：人月神話：軟體專案管理之道

英 文 書 名：The Mythical Man-Month: Essays on Software Engineering,
　　　　　　　Anniversary Edition, 2/e

引　用　處：第五章（第二系統效應）

《Specification by example》

作　　者：Gojko Adzic

中文書名：Specification by Example 中文版：團隊如何交付正確的軟體

英文書名：Specification by Example: How Successful Teams Deliver the
　　　　　Right Software

引　用　處：第七章（舉例說明）

《Kent Beck 的測試驅動開發》

作　　者：Kent Beck

中文書名：Kent Beck 的測試驅動開發：案例導向的逐步解決之道

英文書名：Test-Driven Development: By Example

《軟體架構原理 工程方法》

作　　者：Mark Richards, Neal Ford

中文書名：軟體架構原理｜工程方法

英文書名：Fundamentals of Software Architecture: A Comprehensive
　　　　　Guide to Patterns, Characteristics, and Best Practices

引　用　處：第一章（介紹）- 定義軟體架構

《軟體架構 困難部分》

作　　　者：Neal Ford, Mark Richards, Pramod Sadalage, Zhamak

中文書名：軟體架構：困難部分

英文書名：Software Architecture: The Hard Parts

引　用　處：第一章（當沒有「最佳作法」時，會發生什麼？）

《重構》

作　　　者：Martin Fowler

中文書名：重構｜改善既有程式的設計, 2/e

英文書名：Refactoring: Improving The Design of Existing Code, 2/e

引　用　處：第三章（程式碼異味）- 過長參數列、第八章（移動功能）-
　　　　　　移動函式

《Clean Code》

作　　　者：Robert C. Martin

中文書名：無瑕的程式碼－敏捷軟體開發技巧守則

英文書名：Clean Code: A Handbook of Agile Software Craftsmanship

引　用　處：介紹

《Clean architecture》

作　　者：Robert C. Martin

中文書名：無瑕的程式碼－整潔的軟體設計與架構篇

英文書名：Clean Architecture: A Craftsman's Guide to Software Structure

　　　　　and Design

引　用　處：第一章（什麼是設計與結構）、第二十一章（會尖叫的架構）、

　　　　　第二十六章（主元件）

《無瑕的程式碼 敏捷完整篇》

作　　者：Robert C. Martin, Micah Martin

中文書名：無瑕的程式碼－敏捷完整篇－物件導向原則、設計模式與

　　　　　C# 實踐

英文書名：Agile principles, patterns, and practices in C#

引　用　處：第二十八章（包和元件的設計原則）

《Clean Architecture 實作篇》

作　　者：Tom Hombergs

中文書名：Clean Architecture 實作篇：在整潔的架構上弄髒你的手

英文書名：Get Your Hands Dirty on Clean Architecture

引　用　處：第四章（使用案例實作）

讀者回函

感謝您購買本公司出版的書,您的意見對我們非常重要!由於您寶貴的建議,我們才得以不斷地推陳出新,繼續出版更實用、精緻的圖書。因此,請填妥下列資料(也可直接貼上名片),寄回本公司(免貼郵票),您將不定期收到最新的圖書資料!

購買書號: 書名:

姓 名:＿＿＿＿＿＿＿＿＿＿＿＿＿＿＿＿＿＿＿＿＿

職 業:□上班族 □教師 □學生 □工程師 □其它

學 歷:□研究所 □大學 □專科 □高中職 □其它

年 齡:□10~20 □20~30 □30~40 □40~50 □50~

單 位:＿＿＿＿＿＿＿＿＿＿＿＿ 部門科系:＿＿＿＿＿＿＿＿

職 稱:＿＿＿＿＿＿＿＿＿＿＿＿ 聯絡電話:＿＿＿＿＿＿＿＿

電子郵件:＿＿＿＿＿＿＿＿＿＿＿＿＿＿＿＿＿＿＿＿＿

通訊住址:□□□ ＿＿＿＿＿＿＿＿＿＿＿＿＿＿＿＿＿＿＿
＿＿＿＿＿＿＿＿＿＿＿＿＿＿＿＿＿＿＿＿＿＿＿＿＿

您從何處購買此書:

□書局＿＿＿＿＿ □電腦店＿＿＿＿＿ □展覽＿＿＿＿＿ □其他＿＿＿＿＿

您覺得本書的品質:

內容方面: □很好 □好 □尚可 □差

排版方面: □很好 □好 □尚可 □差

印刷方面: □很好 □好 □尚可 □差

紙張方面: □很好 □好 □尚可 □差

您最喜歡本書的地方:＿＿＿＿＿＿＿＿＿＿＿＿＿＿＿＿＿＿

您最不喜歡本書的地方:＿＿＿＿＿＿＿＿＿＿＿＿＿＿＿＿＿＿

假如請您對本書評分,您會給(0~100分):＿＿＿＿＿＿ 分

您最希望我們出版那些電腦書籍:

請將您對本書的意見告訴我們:

您有寫作的點子嗎?□無 □有 專長領域:＿＿＿＿＿

歡迎您加入博碩文化的行列哦!

請沿虛線剪下寄回本公司

廣　告　回　函
台灣北區郵政管理局登記證
北 台 字 第 4 6 4 7 號
印 刷 品 · 免 貼 郵 票

221

博碩文化股份有限公司　產品部

台灣新北市汐止區新台五路一段112號10樓A棟